藍學堂

學習・奇趣・輕鬆讀

The Presentation Secrets
of Steve Jobs

How to Be Insanely Great
in Front of Any Audience

跟賈伯斯學簡報

從平凡到驚豔，18 堂課教你
創造 iPhone 級簡報體驗

卡曼・蓋洛 Carmine Gallo ──著
何玉方──譯

獻給我的父親佛朗哥（Franco）
一位活得精彩、了不起的人

推薦序 >>
好簡報讓人願意跟你一起前進

孫治華 策略思維商學院院長
簡報實驗室創辦人

從邏輯到感動，從說明到行動：這本書告訴你，商業簡報可以多有「Fu」

身為一位簡報策略與溝通技巧的講師，我最常被問的一句話是：「簡報是不是就是把資料整理好、秀秀數據、邏輯清楚地講出來就夠了？」

我的回答總是：「這樣做，你會讓人覺得你很厲害，但不會讓人想跟你一起走。」

在商業世界裡，我們需要的不只是邏輯，更是一種能讓人「行動」的簡報力。而這本《跟賈伯斯學簡報》教的不是只是簡報技巧或設計排版（他沒碰這塊），而是如何

設計一場讓人難忘、感動、願意相信與投入的「體驗」。

傳達故事與情感，才是商業簡報最有價值的事

職場中最強大的武器，其實是**商業溝通技巧**——如何讓人理解你傳遞的**價值**。這本書之所以獨特，是因為它幫助我們跳脫「資訊傳遞」的思維，把

簡報拉回「價值轉換」的本質。

　　邏輯只能讓人覺得你很厲害，但只有情感與故事，才能讓人願意跟你一起前進。賈伯斯的簡報從來就不只是在說明產品的規格，而是在說一個「這東西怎麼樣讓你的生活變得更美好」的故事。他講述的是信念，是理想，是「Why」。

商業簡報，不只是說服，更是引發共鳴

　　如果你是一位需要提案、報告、招商、教育訓練的工作者，你一定會遇過這種情況：內容明明很清楚，但對方就是沒有感覺，甚至無動於衷。這不是你的內容不夠好，而是沒有設計「體驗」。

　　本書從賈伯斯的發表會中抽絲剝繭，拆解他如何透過三幕劇結構、畫面設計、語言節奏與情感鋪陳，讓一場簡報成為一場觀眾坐得住、聽得懂、記得住，甚至會分享出去的演講。

　　這裡面沒有艱深的理論，有的是一種你看完就會想「啊！原來這才是簡報的樣子！」的實戰洞察。

賦予技術與理論價值的，是聽眾的痛點

　　一場簡報，真正的主角永遠不是簡報者，而是觀眾的痛點與需求。《跟賈伯斯學簡報》提醒我們：**簡報的任務不是炫技，而是引發理解與共鳴**。無論你用的是再高深的策略、再複雜的分析模型，都要回到一句話：「**這件事，對他有什麼意義？**」

　　這本書讓我們重新思考簡報的價值：不是在講我們想講的話，而是講對方渴望聽見、能被啟發的話。

這不只是一本簡報書，更是一本溝通戰略書

我推薦這本書，給所有希望在職場中影響更多人、推動更多改變、展現更多價值的專業人士。它會讓你明白，**一場好的簡報，不是讓人說你講得好，而是讓人說「我想跟你合作」。**

如果你已經會做簡報，這本書會讓你成為領導觀眾的高手。

如果你正在學簡報，這本書會讓你避開枯燥與混亂的套路，從第一場就走在對的路上。

從今天起，讓我們不只會講重點，更學會講「有 Fu」的簡報。

推薦序 >>
讓溝通變得有力量

張忘形 溝通表達培訓師

先說，如果你想要學的是投影片製作技巧，或是上班會用到的簡報，這本書不太適合你。因為我覺得這本書是為了影響力而設計。

你一定有看過不同的兩種簡報，有些簡報你會感受到他在唸稿，感覺很想要下台。而另一種簡報，卻讓你像是看完一場演出，內心被什麼悄悄打開了。這本書想要給你第二種簡報，不教你怎麼排版、怎麼說明、怎麼掌控時間，而是想要告訴你，賈伯斯是怎麼樣把一段思維、情感，甚至一個願景「放進你的腦中」。

作者卡曼・蓋洛用一種非常易懂又具說服力的方式，拆解了史蒂夫・賈伯斯簡報背後的魔法：那些讓人讚歎的發表會、那些鏗鏘有力的語句，並不是天生的魅力，而是深思熟慮、處處用心的設計。

從開場的第一句話、主題句、道具安排，到情緒起伏和收尾的驚喜，就像是一場電影的劇本，被分鏡、排練、雕琢。

這本書最打動我的，是他不只是告訴你技巧，而是在教「你怎麼想」，才決定「你怎麼說」，這也是我覺得在表達裡最重要的事。

比方說，你有沒有發現賈伯斯從來不用條列式？因為那不會讓故事活起來。為什麼大家都在期待他說的 one more thing？因為他是用電影的三幕劇結構來設計簡報，讓最棒的東西最後才出現。

簡報對他來說，不是報告，而是邀請觀眾走進他的宇宙。

書中提到很多我喜歡的細節。像是他總是在演講中安排反派角色，用意不是要表達我們的生活中有壞人，而是為了創造「我們為什麼需要這個產品」的共同感。或者他總用一句很精簡的標語，讓觀眾瞬間記住主旨，例如「iPod，把 1,000 首歌裝進口袋」，既有畫面感，又讓你馬上知道你會得到什麼。

這些精密的設計，讓整個發布會變成一場大型的表演。以前我們害怕別人向我們推銷，但每次蘋果發布會前，卻有成千上萬個人在等待，甚至因為時區，我們這裡還要熬夜才能看。

所以我們也可以透過這本書，重新審視自己過去的簡報經驗。例如我以前只在意「我要說什麼」，卻沒問過「聽眾在乎什麼」，如果當時看過這本書，或許我能說得更少，卻讓人記得更多。

《跟賈伯斯學簡報》對我來說，不只是一本文案或簡報技巧書，更像是一堂「如何讓想法被理解、被記住、被相信」的溝通課。它提供很多可以立即實作的工具，也讓人重新思考溝通的本質，是我們如何走進對方的心中。

所以如果你真的是上班要用這個方式簡報，我猜老闆可能沒時間等你。但如果你是創業者、老師、銷售人員、大型提案的職人，或是想在社群說出個人品牌，只要你想讓說話變得有力量，這本書就是一本值得慢慢消化的好書。

最後，我想引用書裡一個讓我印象很深的概念：「你在推銷的不是產品，而是一個更好的未來。」而這個未來，就從翻開這本書開始。

推薦序 >>
簡報力就是你的影響力

林長揚 企業簡報教練

　　我是一名簡報教練，平時在各大企業分享簡報技巧。教課時，我很常被學員問一個問題：「不擅言辭、很內向的人，也能做出讓人印象深刻的簡報嗎？」

　　我總是回答：「可以的，因為我就是活生生的案例。」

　　雖然我的工作需要經常對大家講話，但其實我是一個非常典型的內向者。現在大家流行說自己是「I人」，我不只是I，還是那種在跟人說話時，腦筋常常一片空白的人。因此無論是在社交場合與人交談，或是在會議中突然被點名發言，我都會非常緊張，甚至難以順利地表達自己的想法。

　　但當我站上簡報現場時，卻反而能侃侃而談，把內容講得讓人想聽、聽得懂、用得上，甚至一路走到今天，成為一名在各大企業授課的簡報教練。這不是因為我有什麼驚人的天賦，而是靠著一次次的練習與摸索走來的結果。

　　當年下定決心要研究簡報技巧的我，收集國內外各種簡報書籍反覆閱讀，也找了許多知名簡報講者的影片反覆觀看與拆解。慢慢地，我建立起一

套屬於自己的簡報方式，讓我每次上台都能達成目標。後來，甚至因為簡報教學的機會而與總統見面。我不是因為外向才會做簡報，而是因為學會了簡報，才慢慢建立起自己的表達方式。簡報成為我和世界對話的工具，也讓我被眾人看見。

在那段研究的過程中，我被一個人深深吸引——史蒂夫·賈伯斯。

在科技與商業的世界裡，賈伯斯的名字幾乎等同於創新與魅力。他不只創造了劃時代的產品，更把產品發表簡報變成一場場令人難忘的傳奇。他的簡報不只是資訊的宣傳，而是一種震撼人心的體驗。

賈伯斯為什麼吸引人？因為他說的是故事，而不只是數據。他運用畫面、節奏、對比與情緒，設計了一場又一場讓人記得的「體驗」。我當時花了很多時間研究賈伯斯的簡報方法，光是實踐其中一兩個技巧，就讓我的簡報效果大大提升。

如今，你不需要像我當初那樣花費大量時間研究，因為這本《跟賈伯斯學簡報》已經把他的簡報祕訣系統化整理出來。書中介紹的紙筆規畫、回答關鍵問題、善用標語等十八種簡報進化技巧，都能幫助你高效率地規畫整場簡報，讓觀眾從第一秒就進入情境、期待後續、記住你想說的重點。

如果你曾因簡報而感到沮喪，甚至懷疑自己是不是不適合表達，我誠摯推薦你細細閱讀這本書。它不只會教你完成一場簡報，更會幫你建立一種「有邏輯、有影響力地說話」的能力。

你不需要成為賈伯斯，也能說出動人的簡報；你只需要從這本書開始，找到適合你自己的簡報方式。你也許沒有華麗的舞台特效，但你有觀點、有責任、有想完成的任務——這些都值得被好好傳達，也值得被認真聽見。

如果你曾覺得簡報是壓力，是需要硬著頭皮撐完的任務，請你翻開這本書，讓它帶你重新認識簡報。你會發現，簡報不只是呈現產品，更是一種

改變世界的方式。從說服一位客戶、爭取一筆預算，到推動一個新想法，你會驚喜地發現，影響力就是這麼一點一滴累積起來的。

　　作為教學者，我佩服這本書的**邏輯性與實用度**；作為內向者，我更感謝它加深了我的信念：「即使我不是話多的人，也可以有說服力。」

　　如果一個內向、不擅言辭的我，都能透過簡報找到自己的聲音，那麼你也一定可以。

　　讓我們一起閱讀這本《跟賈伯斯學簡報》，提升簡報能力，一點一滴，累積屬於你的影響力吧！

推薦序 >>
像賈伯斯一樣，
讓簡報成為你的影響力場域

劉奕酉 鉑澈行銷顧問策略長
《看得見的高效思考》作者

每一場好的簡報，都是一次影響力的放大。

賈伯斯以極具感染力的方式，將技術產品轉化為**震撼**人心的故事，這背後並非天賦，而是一種精心設計的表達方式。你不必成為賈伯斯，但可以學習像他一樣讓簡報成為你發揮影響力的場域。

當 AI 已經能做好簡報，那麼人如何發揮影響力？關鍵在於傳達有力量的觀點。這本書不只是教你「如何做簡報」，更是學習視覺化溝通與影響力傳遞的底層邏輯。

影響力來自於「結構化」的思考

簡報的問題往往不是內容不足，而是缺乏結構。賈伯斯善用三幕劇結構，讓複雜概念變得直覺易懂。例如，2007 年 iPhone 發表時，他不是直接介紹技術，而是用「iPod、手機、網路通訊裝置」三個熟悉的概念引導觀眾進入新認知。這種「分三幕」的結構對表達觀點極具啟發性：

- 第一幕：先建立熟悉感，引導觀眾進入你的世界。
- 第二幕：創造出新認知，打破舊框架，引導思考。
- 第三幕：強化關鍵訊息，透過故事、數據或視覺元素提升記憶點。

這與我在拙著《看得見的高效思考》中強調的「從想法到觀點，再到視覺化」概念相通。本書將這種思維方式應用於簡報場域。

簡單不等於「簡略」，而是「減法後的力量」

我們習慣認為簡報應該「資訊完整」，但賈伯斯卻極端減少文字，使關鍵訊息一目瞭然。他的作法是每張投影片只傳遞一個核心概念，讓視覺成為說服力的一部分。例如，在發表 MacBook Air 時，他沒有列出技術規格，而是直接從信封袋中拿出筆電，讓「全球最輕薄筆電」的概念瞬間植入觀眾心中。

這與我的書中強調的視覺化原則一致：好的視覺化不在於增加資訊，而在於讓資訊可感知、可記憶、可行動。在簡報設計時，你可以思考：

- 如何用最少的元素讓觀眾記住核心訊息？
- 你的投影片是否輔助說話，還是讓觀眾忙著讀內容？
- 有沒有一個視覺化的關鍵動作，使你的訊息變得難忘？

從「資訊」傳遞，到「影響力」輸出

對於企業領導者、創業者或專業人士而言，簡報不只是報告進度，更是影響決策、推動行動的關鍵時刻。真正有影響力的簡報者能夠塑造「峰值體驗」，讓觀眾不只是聽懂，而是記住、認同、願意行動。

賈伯斯的簡報方式，讓產品發表會成為「科技界的好萊塢大片」，因為他不只是說服，而是讓觀眾參與，帶來強烈的興奮與共鳴。設計簡報時，可以問自己：

- 觀眾的感受是什麼？（不是我要說什麼，而是他們會怎麼記住？）
- 這場簡報的「峰點」時刻在哪裡？（如何創造類似賈伯斯「MacBook Air 信封袋」的瞬間？）
- 簡報結束後，觀眾會願意做什麼？（你期待他們的行動是什麼？）

這些問題，決定了簡報的影響力。

讓簡報成為你的競爭力，發揮個人影響力

這本書不只是關於簡報技巧，而是一本影響力輸出指南。

在資訊超載的時代，能夠「抓住注意力、影響決策」的人，將擁有更大的競爭力。而這份競爭力，不只是來自內容，更是來自你如何設計訊息，讓它變得可見、可記憶、可行動。讓簡報成為你的影響力場域，讓你的觀點真正被世界聽見。

跟賈伯斯學簡報
目錄

推薦序 》》
好簡報讓人願意跟你一起前進──孫治華　　003
讓溝通變得有力量──張忘形　　006
簡報力就是你的影響力──林長揚　　008
像賈伯斯一樣，讓簡報成為你的影響力場域──劉奕酉　　011

作者序　　018

序幕 》》 如何在觀眾面前展現超凡魅力　　022
　　　　為何不是我？／三幕式演出／你的賣點是什麼？

第一幕 》》 創造故事　　032

第 1 景 》》 用非數位工具計畫　　034
分項列點會扼殺效果／以故事為中心／
精彩簡報的九大要素

第 2 景 》》 回答最關鍵的問題　　046
傳聞屬實／跟我有什麼關係？

第 3 景 》》 培養救世般的使命感　　056
現實扭曲力場／做你熱愛的事／
激勵人們共創美好未來／
電腦和咖啡的共同點／不同凡「想」

第 4 景 〉〉 **創造推特式的標題　　069**
　　　　　　少於 140 個字元／蘋果重新定義了手機／
　　　　　　網路的無限魅力，麥金塔的極致簡約／
　　　　　　把 1,000 首歌裝進口袋／
　　　　　　Keynote 力壓 PowerPoint 的標題大戰

第 5 景 〉〉 **規畫路線圖　　078**
　　　　　　為什麼金髮女孩沒有遇到四隻熊／蘋果的三腳凳／
　　　　　　賈伯斯與鮑爾默對「三」的熱愛／
　　　　　　以路線圖規畫議程／運用三法則

第 6 景 〉〉 **設定反派角色　　092**
　　　　　　問題＋解決方案＝賈伯斯風格／
　　　　　　在 CNBC 闡述蘋果的立場／蘋果教／
　　　　　　我會被吃掉嗎？／終極電梯簡報的四個問題／
　　　　　　反派角色：便利的敘事工具

第 7 景 〉〉 **勝利英雄登場　　103**
　　　　　　英雄的使命／「我是 Mac」vs.「我是 PC」／
　　　　　　三十秒內找出問題及解決方案／
　　　　　　賈伯斯賣的不是電腦，而是體驗

中場休息 1 〉〉 **遵守十分鐘法則　　112**

第二幕 ▶▶ 打造極致體驗　　114

第 8 景 ▶▶ 發揮簡約禪意　　116

2008 年 Macworld：簡約的藝術／Let's Rock 發表會／經驗證據／圖優效應／賈伯斯愛用照片／簡化一切／簡明英語運動

第 9 景 ▶▶ 包裝統計數字　　135

價格減半，效能雙倍／具體、切身相關、具情境意義／藉由類比包裝數字／數字高手

第 10 景 ▶▶ 使用生動詞彙　　143

賈伯斯與比爾‧蓋茲的直白英語對決／避免過多專業術語／就像是……

第 11 景 ▶▶ 與人分享舞台　　157

大腦渴望變化，將舞台交給擅長的人／最佳銷售利器／客戶購買的首要原因／該讚揚的就要讚揚／賈伯斯甚至與「自己」分享舞台！

第 12 景 ▶▶ 善用示範道具　　166

川崎式簡報示範法則／劃時代的示範／享受示範的樂趣／專注於一件事／驚奇元素

第 13 景 ▶▶ 揭開驚呼的瞬間　　180

將產品發表會提昇到藝術境界／單一主題／投下驚喜的震撼彈／開創新局的革命性產品

中場休息 2 ▶▶ 席勒汲取大師經驗　　189

第三幕 ▶▶ 完善和排練　　　192

第 14 景 ▶▶ 掌控舞台魅力　　194
「那位讀稿先生是誰啊？」／改善肢體語言的三大技巧／
說話也有個人風格／發揮你理想的領導力

第 15 景 ▶▶ 讓一切看起來輕而易舉　　206
一窺幕後的魔法／賈伯斯、喬丹與邱吉爾的共同點／
一萬小時的大師之道／讓影片成為你的好幫手／
五步驟練習「即興」發言／最好的緊張解方

第 16 景 ▶▶ 穿搭合宜服裝　　222

第 17 景 ▶▶ 拋開腳本　　225
五步驟拋開講稿／必要時如何有效利用筆記提示

第 18 景 ▶▶ 樂在其中　　233
不必為小事驚慌失措／現在，資訊娛樂登場！

謝幕 ▶▶ 還有一件事　　240

附錄 ▶▶ 賈伯斯風格的簡報　　244

致謝　　262

參考資料　　263

作者序

　　史蒂夫‧賈伯斯將商業簡報轉化為一門藝術，即使在他去世多年後，影響依然延續著。若要世界各地商業專業人士描述「賈伯斯風格」的簡報，大多數人都能給出答案，他們或許無法像本書這樣深入剖析，但一定能辨認出這種風格：運用圖片多於文字且簡單俐落的投影片。「賈伯斯風格」代表著一種令人無法抗拒、生動有趣、又吸引人的演說方式。

　　那些能夠吸引觀眾的領導者，往往都是依循賈伯斯方法，如今馬克‧祖克柏站在台上時，他的簡報風格與賈伯斯經典的發表會幾乎如出一轍，臉書也和許多企業一樣，指導高層管理人員採用賈伯斯風格元素。《華爾街日報》曾經提到，中國身價非凡的企業家馬雲，憑藉他在舞台上的魅力和戲劇性風采，可能成為下一位賈伯斯。

　　談到溝通技巧時，比爾‧蓋茲在《成為賈伯斯》（*Becoming Steve Jobs*）一書中，曾懷念地說道：「我根本無法與他相提並論，看到他那麼精確地排練，實在太不可思議了……因為那是一場重大演出，他甚至有點緊張，但當他上場之後，精彩表現真是令人讚歎。」比爾‧蓋茲已經轉型成一位吸引人的演說者，我毫不懷疑他多少受到了賈伯斯演講風格的啟發。

　　在後續篇章中，你將學到當今最偉大的商業故事大師的簡報密技。無論你是準備要進行一場關鍵簡報、推廣創意點子，還是為了職業生涯的自我

成長，這些原則都會對你有所幫助，甚至可能讓你致富，我已經在許多國家見證過無數人因此而改變命運。

無數領導者因為閱讀本書而學會了如何更有效地溝通。由於篇幅有限，我無法在此詳述自本書第一版成為國際暢銷書以來，我所收到的成功案例，這些故事足以構成另一本書。

舉其中一個例子吧。

2008年，全球經濟衰退，許多公司都受到了衝擊，加拿大一家小型建築公司也未能倖免，銷售急劇下降，員工被裁員。接下來的一年，公司一直苦於無法拓展新業務。2009年某一天，該公司行銷部門經理偶然讀到這本書，他看得入迷，完全停不下來，直到凌晨兩點讀完。隔天，他走進辦公室，請求老闆批准預算，計畫舉行六場「午餐學習會」，每場會議都根據書中的原則向潛在客戶做簡報。經理的老闆持懷疑態度，斷然表示：「這計畫行不通的。」經理回應說道：「那還有更好的辦法嗎？我們就快要破產了。」最終，預算獲得批准。

經理運用書中的原則，將一份原本長達72張投影片的簡報精簡成30張，過去做簡報需要花兩小時，現在只需三十分鐘就能完成。簡報中還加入了影片剪輯和吸引人的視覺效果，最重要的是，讓公司的數據變得更容易引起共鳴，又具說服力。

這場簡報得到的回響幾乎震驚了全公司的人，但行銷經理卻不感到意外。到了第三場午餐學習會，「我們在業界變成搖滾巨星了。」他說。每場簡報都吸引了更多觀眾，在第四場簡報後，這家小公司迎來了巨變，某家大型能源公司的高層邀請該公司為即將發展的計畫提出競標。最終，這家公司成功得標，獲得價值8.75億美元的建築工程。

「您為什麼決定選擇我們公司呢？」得標後，行銷經理詢問那位高層。

「全都是因為你們精彩的簡報，讓我們看到了你們與眾不同的思維方式。」高層道。

我衷心期盼這本書也能夠幫助你改變思維方式，協助你贏得業務，帶動公司成長、銷售產品和服務、拓展職業生涯、或引發變革。我對此充滿信心，我曾經訪問過許多執行者、大富豪和商界傳奇人物，他們都認為溝通技巧是成功的關鍵，也都將賈伯斯視為公眾演講的典範。

世界各地都有成功的案例。領英（LinkedIn）的行銷團隊在首次公開募股之前運用了本書的原則，徹底重新設計公司的簡報內容，最終取得了空前成功。到 YouTube 觀看英特爾（Intel）2015 年和 2016 年消費電子展（CES）的簡報，你會發現這些主題演講都是遵循本書的指導原則設計而成的。事實上，英特爾的數百名經理人都接受過賈伯斯簡報法的專業培訓，包括前福特公司執行長艾倫‧穆拉利（Alan Mulally）在內，Google、微軟、臉書、美敦力（Medtronic）、輝瑞（Pfizer）、可口可樂、埃森哲（Accenture）等全球無數公司的領導人，都曾研讀並運用本書中的理念。沒錯，連蘋果公司也不例外。

這本書還意外催生了另一部作品，《蘋果經驗》（The Apple Experience，暫譯），這是第一本深入剖析 Apple Store 客戶服務模式的著作。我還清楚記得萌生靈感的那一天，當時我正在排隊準備登機，接到了一位 Apple Store 經理的電話，他打來純粹是為了感謝我寫下《跟賈伯斯學簡報》，說他已經把這本書列為新進員工必讀的書籍。

「很棒啊，但這主要是一本關於簡報的書，你們要怎樣應用到工作中呢？」我說。

「你覺得我們每天都在做什麼呢？」他回答道，「銷售現場就是我們的表演舞台，我們需要激勵客戶。你的書教我們如何掌握賈伯斯的溝通技巧，

就像是蘋果這位共同創辦人親自指導我們銷售過程似的。」

這段對話提醒了我，簡報技巧絕不僅止於傳達投影片，你在推銷一個想法時，就是在做簡報；你在與客戶或顧客交談，甚至在求職面試中回答問題，也是在進行簡報。**我們無時無刻都在展示自己，而那些擅長表達自我的人，總是能在競爭激烈的環境中脫穎而出。**

這本書是你學習賈伯斯如何創造精彩簡報的最佳捷徑，本書中闡述賈伯斯風格的簡報模式，至今仍然是蘋果產品發表會驚豔全球的核心基礎。蘋果是世上最神秘的公司之一，我從未料到會收到他們高層領導的公開認可，但有一天，我收到一封簡短郵件，寄件人是與賈伯斯關係密切的一位高階主管，名字你可能耳熟能詳。我並未徵求他是否同意我公開這段話，因此也不便透露他的名字，我只是將這封電子郵件存檔，做為自己成功達成目標的一種私下肯定，這封郵件僅簡短地寫著：

已拜讀你那本探討賈伯斯簡報密技的著作，寫得很好。

我曾經與一位因 TED 演講而聲名大噪的經濟學者交流過，在對話結束時，他對我說：「我從不對任何人說『祝好運』，因為這隱含了某種社會信念，認為成功多半取決於運氣。事實上，成功是來自熱情、努力、專注和創造力，所以我不祝你書籍銷售好運，而是祝你成功。」

祝大家成功。

卡曼・蓋洛
2016.03

序幕

如何在觀眾面前
展現超凡魅力

一個人縱使有世上最獨特、最新穎的創意，若無法說服夠多人，也無濟於事。
　　——格雷戈里・伯恩斯（Gregory Berns，美國神經經濟學者）

　　本書中的概念將幫助你贏得觀眾的心，完全超乎你的想像。我親眼見證過世界各地商業人士運用這些技巧，成功取得數百萬美元的業務，我也看過 Apple Store 員工透過這本書學會如何在展示區推銷新產品，北美、亞洲、歐洲和南美數以千計的讀者，已經利用這些技巧重新改造自己的簡報方式。如果你讀完這本書，仔細研究了其中的範例，你的簡報將從此煥然一新，這正是我們希望達到的目標。

　　你的客戶、員工、投資者和合作夥伴早已厭倦了老套又平淡乏味的簡報設計與傳達方式，而賈伯斯的簡報風格則與眾不同，不僅傳遞資訊、知識又有趣，還能激發靈感和熱情，最棒的是，賈伯斯的簡報風格「有章法可循」，你也可以借用他的範本，在自己下一場簡報中震撼全場！

　　自這本書首次出版以來，許多個人和企業透過本書徹底改變他們講述自己故事的方式，這些案例研究本身就足夠出另一本書了。例如，一家大型

醫療設備製造商的行銷團隊依據本書徹底改造了簡報方式；跨國能源公司的領導團隊利用本書技巧改變了向外國政府的提案方式；律師事務所的管理合夥人買了這本書送給全事務所的律師；還有歐洲一家大型媒體集團的執行長讀完本書後，告誡其銷售團隊：「別再分項列點了！」另外，曾有一家知名社交網站的銷售團隊，借助本書提升簡報表現，首次公開募股時取得了巨大成功；還有一位知名的科技分析師打電話給賈伯斯的商業競爭對手，敦促他讀這本書。（這位執行長當下對此建議感到不悅，因此分析師補充道：「我認為這應該成為每位執行長的必讀書目。」）此外，還有來自史丹佛大學、加州大學柏克萊分校、洛杉磯分校等商學院的 MBA 學生，也學到了學校裡沒有教的觀點。這本書影響了全球各地、各行各業的專業人士，也將徹底改變你講述品牌故事的方式。

為什麼要研究賈伯斯？這位蘋果共同創辦人是全球舞台上最具魅力的溝通者，無人能與之匹敵。賈伯斯的簡報能激發觀眾的大腦釋放大量多巴胺，有些人為了感受這場快感，甚至不惜在嚴寒中通宵排隊，只為搶到前排座位。若沒能如願就會出現戒斷反應，不然該怎麼解釋 2009 年當蘋果宣布賈伯斯將缺席他主持多年的 Macworld Expo 時，甚至引起一些粉絲抗議。（蘋果還宣布，這將是公司最後一次參與由波士頓 IDG World Expo 主辦的年度貿易展。）

由於健康因素，賈伯斯的演講次數大幅減少，但還是設法出席重大發布會，像是 2011 年 3 月的 iPad2 發布會和 2011 年 6 月的蘋果「雲端」策略揭幕式。然而，賈伯斯的主講越來越少了，正如記者喬恩・福特（Jon Fortt）當時所寫：「那一群開創個人電腦、推廣網路商業化、將公司發展成企業巨頭的第一代叛逆天才們，正逐漸淡出歷史舞台。」[1]

聽賈伯斯的主題演講是一場非凡的體驗，我撰寫本書的目的就是要捕

捉他的簡報精髓，並揭示他激發觀眾共鳴的具體技巧。最重要的是，你也能學習掌握這些技巧，震撼你的觀眾，讓他們欲罷不能。

只要看一次 Macworld 的主題演講，蘋果迷稱之為「史蒂夫簡報」（Stevenotes），你就會開始重新審視自己目前的簡報模式：你的內容、表達方式和觀眾對你演說時的觀感。我曾為商業周刊網站（BusinessWeek.com）撰寫過一篇專欄，探討賈伯斯及其簡報技巧，這篇文章迅速在全球廣傳，甚至連自稱是「假伯斯」的《富比士》雜誌資深主編丹尼爾・萊昂斯（Daniel Lyons）也特別提到這篇專欄，無論是 Mac 還是 PC 的用戶，都希望從中提升自我表達和推銷想法的能力。只有少數讀者曾經親眼目睹賈伯斯主題演講時的風采，大多人則是透過網路觀看影片，我的專欄讓他們眼界大開，甚至促使許多人重新審視自己的簡報策略。

為了達到學習目的，請利用 YouTube 做為輔助工具，觀察接下來的章節中揭示的技巧。在這些事例中，YouTube 提供了難得的機會，讓你能閱讀特定人物的相關資料，學習使他成功的具體技巧，並透過影片觀察這些技巧實際的運用情況。

你會發現，賈伯斯是一位極具吸引力的推銷大師，以獨特的風格傳遞自己的想法，將潛在客戶轉化為實際顧客，將顧客變成信徒。他非凡的魅力正如德國社會學家馬克斯・韋伯（Max Weber）所定義的：「有某種個人特質使他與眾不同，並被視為神祕、超凡或極為卓越的能力或特質。」[2] 賈伯斯在他最忠實粉絲的心中成為超人。然而，韋伯認為魅力並非「普通人所能擁有的」，這一點並不完全正確。一旦你深入了解賈伯斯如何**精心設計**才發表出那些經典演講後，你會發現這些非凡的能力並非遙不可及。只要運用他的一些技巧，你的簡報就能在眾多平庸的表現中脫穎而出，讓你的競爭對手和同事相形見絀。

「簡報已經成為當今不可或缺的商務溝通工具，」簡報設計大師南希‧杜爾特（Nancy Duarte）在《視覺溝通：讓簡報與聽眾形成一種對話》（Slide:ology）一書中指出：「公司的誕生、產品的推出、抑或拯救氣候系統，成功與否都取決於簡報的品質。同樣的，許多構想、計畫甚至職業生涯也可能因為溝通不當而夭折。在每天數以百萬計的簡報中，真正出色的僅占少數。」[3]

杜爾特將艾爾‧高爾（Al Gore，編按：美國政治人物，曾任柯林頓時期的副總統）的35毫米投影片轉化成獲獎紀錄片《不願面對的真相》（An Inconvenient Truth）。就像高爾這位蘋果董事會成員一樣，賈伯斯的簡報也能帶來巨大的改變，這兩位人物都在徹底改變商業溝通模式，也都有許多值得我們學習的地方，高爾是一場著名的演講被重複了上千次，而賈伯斯則自1984年蘋果麥金塔電腦（Macintosh）推出以來，就不斷呈現令人讚歎的簡報。在後續篇章中你將實際看到，麥金塔的發表會是美國企業史上最吸引目光的簡報之一。

最令人驚訝的是，賈伯斯在麥金塔發布後的二十五年間，還能不斷提升他的簡報風格。1984年的那場演講已經是難以超越，堪稱當代最偉大的簡報之一，然而，賈伯斯在2007年和2008年Macworld Expo的主題演講又再創顛峰。他在2010年推出iPad，2011年推出iPad2的演說，也幾乎足以媲美他過去任何一場精彩簡報。本書新增的「附錄」詳細解析了這兩場簡報，展示他在與觀眾互動方面的所有智慧結晶，締造出無與倫比的精彩時刻。

壞消息是，你的簡報會被拿來與賈伯斯的做比較，他將原本枯燥、過於技術性、又冗長的簡報，變成充滿戲劇張力的演出，有英雄、反派、配角和炫目的背景畫面。第一次目睹賈伯斯簡報的人，都形容那是一場非凡的體驗。《洛杉磯時報》一篇關於賈伯斯因病請假的報導中，邁克‧希爾茨克

（Michael Hiltzik）在專欄中寫道：「美國沒有哪一位執行長能像賈伯斯那樣，與公司的成功密切相關⋯⋯賈伯斯是蘋果的願景創造者，也是華麗的推銷員。如果你想體驗一下他的行銷魅力，不妨觀看 2001 年 10 月 iPod 發表會現場的影片。賈伯斯那戲劇性的掌控力令我歎服。我最近在 YouTube 上重溫這場演講，雖然我早已知道情節走向，還是興奮得幾乎坐不住。」[4] 賈伯斯是商業界的老虎伍茲，他為我們樹立了更高的標竿。

現在則有好消息，你可以學會辨識並運用賈伯斯的每一項技巧，讓你的觀眾興奮得起身叫好。借助這些技巧，能幫助你創造出屬於自己的精彩簡報，更有說服力地宣揚你的理念，遠超乎你過去的想像。

將《跟賈伯斯學簡報》視為你邁向成功簡報的路線圖，就像是賈伯斯手把手指導，幫助你有效傳達服務、產品、公司或理念價值。無論你是推出新產品的執行長、向投資者推銷的創業者、想簽訂交易的業務、還是試圖激勵學生的教育工作者，都能從賈伯斯的簡報技巧中學到寶貴的經驗。大多數商業人士進行簡報是為了傳遞資訊，但賈伯斯不是，他的簡報旨在創造一種體驗，這是一種「現實扭曲力場」（reality distortion field），能讓觀眾驚歎、振奮和無比興奮。

▶▶ 向前行

「一旦你從基層開始向前行時，你的成敗取決於言語和文字與他人溝通的能力。」[5]——管理大師彼得・杜拉克

常常有人用「誘惑人心」、「氣場強大」、「風靡眾人」、「領袖魅力」等字眼形容賈伯斯，但說到他的人際往來交流時，評價就沒有那麼討喜了。賈伯斯是一個很複雜的人，他創造出非凡的產品，培養出顧客對品牌強烈的忠誠度，但也令許多人心生畏懼。他是個充滿熱情的完美主義者，也是很有遠見的人，當現實沒有達到他的理想標準時，兩種特質往往會引發激烈的衝突。

本書主旨並不是要全面探討賈伯斯的一生，這不是他的傳記，也不是蘋果公司的歷史。本書關注的不是賈伯斯的老闆身分，而是他宣傳溝通者的角色。一位著名的產業分析師認為，本書詳細剖析了賈伯斯如何精心打造並傳遞蘋果品牌背後的故事，應該列為每位高層主管的必備讀物，你將學習到賈伯斯如何完成以下每一件事：

- 營造精準訊息
- 傳達理念
- 激發對某產品或功能的熱情
- 創造令人難忘的體驗
- 將顧客變成品牌信徒

這些技巧將幫助你打造出個人「極致精彩」的簡報，方法非常簡單易學，但如何應用則取決於你自己。要達到像賈伯斯那樣的表達功力，需要付出努力，但對於你的職業生涯、公司發展和個人成功帶來的回報，絕對值得你用心付出。

為何不是我？

我在上CNBC（消費者新聞與商業頻道）的《與唐尼‧多伊奇談大創意》（*The Big Idea with Donny Deutsch*）節目時，被主持人積極的活力所打動。多伊奇給觀眾這樣的建議：「當你看到某人把熱情轉變成利潤時，問自己，『為何不是我？』」[6] 我鼓勵你也這麼做，在接下來的篇章讀到賈伯斯的故事時，不妨也問問自己，「為何不是我？為什麼我不能像賈伯斯一樣激勵我的聽眾？」答案是「你可以的。」

你會發現，賈伯斯並非天生就有這種能力，而是付出了努力，雖然他總是有表演才華，但他的風格在多年來不斷發展和提升。他對於精益求精無比執著，對每一張投影片、每個示範和任何細節都極為用心，每場簡報都像在講述一個故事，每張投影片都呈現一個場景。賈伯斯是一位表演大師，就像所有偉大的演員一樣，他總是反覆排練，直到滿意為止。

他曾經說過：「要成為品質的標竿，而有些人不習慣凡事追求卓越的環境。」[7] 追求卓越沒有捷徑，想要像賈伯斯那樣出色的演講，需要事前規畫與練習，如果你決心想要達到顛峰，蘋果的這位表演大師就是最好的指導老師。

三幕式演出

本書架構採用賈伯斯最喜愛的簡報比喻：一場三幕劇。事實上，賈伯斯的演講就像是一場經過精心設計和反覆排練的戲劇表演，既能傳遞資訊，又能娛樂和激勵觀眾。賈伯斯於2005年10月12日推出支援影片播放的iPod時，選擇位於聖荷西的加州劇院為舞台，這個場地恰如其分，因為他將產品

介紹分為三幕,「就像每個經典故事一樣」。在第一幕中,他介紹了內建錄影機的全新 iMac G5;第二幕推出首次支援影片播放的第五代 iPod;而第三幕則介紹 iTunes 6,並宣布 ABC(美國廣播公司)將提供電視節目給 iTunes 和新一代 iPod 的用戶。賈伯斯甚至邀請爵士樂傳奇人物溫頓‧馬沙利斯(Wynton Marsalis)登台安可演出。

為了呼應賈伯斯將簡報視為經典三幕劇的隱喻,本書也分為三幕:

- **第一幕:創造故事**。這幕的七個章節(或稱「場景」)將為你提供實用工具,幫助你打造品牌背後吸引人的故事。精彩的故事會讓你有信心和能力贏得觀眾的心。
- **第二幕:打造極致體驗**。在這六個場景中,你會掌握實用技巧,將簡報打造成視覺上吸引人、「不可錯過」的體驗。
- **第三幕:完善和排練**。尚有五個場景,探討的主題包括肢體語言、口語表達,以及如何讓「有劇本」的演講聽起來更自然流暢等。甚至你的穿著選擇也會被討論,你將了解為何高領毛衣、牛仔褲和運動鞋很適合賈伯斯,但卻可能終結你的職業生涯。

每一幕之間穿插短暫的中場休息,提供來自最新的認知研究和簡報設計的寶貴資訊,能幫助你將簡報技巧提升至全新境界。

你的賣點是什麼?

在《創意魔王賈伯斯》(*The Second Coming of Steve Jobs*)一書中,作者艾倫‧多伊奇曼(Alan Deutschman)寫到,賈伯斯很擅長「將那些看似

無趣的東西（如電子硬體），包裝成充滿戲劇效果的精彩故事。」[8] 在我有幸認識的領導者中，只有少數幾位有這種能力，能將枯燥的事物轉化成令人振奮的品牌故事。思科系統執行董事兼前任執行長約翰・錢伯斯（John Chambers）便是其中之一，他銷售的並不是構成網路骨幹的路由器和交換器，而是改變我們生活、工作、娛樂和學習方式的人際連結。

最能激勵人心的溝通者都有一個共同特質，能將深奧或日常的產品轉化成有意義的事物。星巴克執行長霍華・舒茲（Howard Schultz）賣的不是咖啡，而是介於工作與家庭之間的「第三空間」；財務金融專家蘇西・歐曼（Suze Orman）賣的不是信託和共同基金，而是財務自由的夢想。同樣地，賈伯斯賣的不是電腦，而是釋放人類潛能的工具。在本書中，請不斷自問：「我的賣點到底是什麼？」記住，**你的產品本身無法激起共鳴，說出它如何能幫助改善生活，你就能打動人心**，如果再用有趣的方式來傳遞，你將能夠培養出忠實的品牌信徒。

在這個過程中，你還會發現賈伯斯充滿了救世主般的熱忱，他渴望改變世界，想要留下「宇宙萬物間的印記」。為了讓這些技巧發揮作用，你需要培養出強烈的使命感，如果你對自己要傳達的主題充滿熱情，那麼你就有將近八成賈伯斯那樣的吸引力了。賈伯斯在二十一歲與他的朋友史蒂夫・沃茲尼克（Steve Wozniak）共同創立蘋果公司時，便執著於個人電腦將如何改變社會、教育和娛樂的願景，他的熱情感染了身邊的每一個人，這份熱情在每一場簡報中都表露無遺。

每個人都有驅策自己前進的熱情，本書旨在幫助你捕捉這份熱情，並將之轉化成一個令人著迷的故事，讓人願意幫助你實現你的願景。事實上，你的創意或產品或許能大大改善客戶的生活，無論是電腦、汽車、金融服務或是能改善環境的產品，然而世界上再棒的產品，如果少了強大的品牌信徒來

推廣，也是毫無用處。如果你無法引人關注，你的產品永遠不會成功，你的觀眾不會在乎、不會理解、也不會感興趣。人們不會去關注無聊的事物，不要讓你的創意因為簡報未能激發聽眾想像力而被埋沒。運用賈伯斯的技巧，去打動每一位你希望影響的人。

正如賈伯斯經常在簡報開場時所說的：「那麼，我們正式開始吧。」

第一幕

創造故事

構思故事情節能讓你強力、有說服力和魅力來傳達理念，成功完成這第一步，平庸溝通者與傑出溝通者就區別開來了。大多數人講故事時缺乏思考，而有效的溝通者會精心規畫，打造吸引人的訊息與標題，讓聽者很容易就進入敘事中，並引入共同敵人來增添戲劇張力。第一幕的七章（或稱七景），能幫助你為成功的簡報奠定基礎。每個場景之後都會附上一個簡短總結，概述具體實用的建議，讓你能立即輕鬆應用。讓我們先瀏覽這些場景：

>> 第 1 景：用非數位工具計畫。本章將帶你了解，像賈伯斯這樣的簡報大師，如何在開啟簡報軟體之前，就已經先行構思、規畫並形成想法。

>> 第 2 景：回答最關鍵的問題。你的觀眾唯一關心的一件事，就是「這跟我有什麼關係？」如果忽略這個問題，他們很快就會對你失去興趣。

>> 第 3 景：培養救世般的使命感。賈伯斯在二十五歲時身價就已經超過一億美元，但這對他來說並不重要，明白這個事實將幫助你揭開賈伯斯非凡魅力的祕密。

>> 第 4 景：創造推特式的標題。社交媒體改變了我們的溝通方式，打造清楚表達的標語，能使你更有說服力地推銷你的理念。

>> 第 5 景：規畫路線圖。賈伯斯運用「三法則」這種強大的說服技巧，使他的論點更加清晰易懂。

>> 第 6 景：設定反派角色。賈伯斯每場精彩的演講都會設定一個觀眾可以共同對抗的反派角色。一旦反派角色出場，下一階段的情節便順勢展開。

>> 第 7 景：勝利英雄登場。賈伯斯每場精彩的演講也都會出現一位英雄，讓觀眾能夠團結支持。這位英雄帶來更好的解決方案，突破現狀，激發人們追求創新。

第1景 》》
用非數位工具計畫

> 行銷其實有如戲劇表演，是一場精心策畫的演出。
> ——約翰・史考利（John Sculley，蘋果公司前執行長）

賈伯斯雖然是在數位世界中建立起他的名聲，但卻是以傳統的紙筆形式建構故事的。他的簡報就像是精心策畫的戲劇表演，旨在吸引大量媒體關注、炒熱話題、引人讚歎。這些簡報包含了出色的戲劇或電影所有的要素：衝突、解決方案、反派角色和英雄人物。如同所有偉大的電影導演一樣，賈伯斯在「開拍」之前（即打開簡報軟體）就事先編排劇情，這是一種與眾不同的行銷劇場。

賈伯斯深入掌握簡報發表會的每個細節：編寫生動的標語、製作投影片、排練示範操作，甚至檢查燈光效果，力求完美，對任何事情都不掉以輕心。他採用許多頂尖簡報設計師推薦的作法：從紙上開始規畫。賈爾・雷諾茲（Garr Reynolds）在《簡報禪》（Presentation Zen）書中寫道：「在一開始的構思階段，先利用紙筆在『類比世界』（analog world）中勾勒粗略的想法，似乎能讓思路更清晰，最終以數位形式展現時，能取得更好、更有創

意的結果。」[1]

設計專家（包括為蘋果設計簡報的專業人士）建議，簡報人應將大部分時間用於構思、草擬和編寫腳本。南希・杜爾特是艾爾・高爾《不願面對的真相》背後的設計大師，她認為，準備一場長達一小時、包含三十張投影片的簡報，演講者可能需要投入多達九十小時的時間，然而，她指出其中只有三分之一的時間用在製作投影片，[2]而前二十七小時應該專注於研究主題、徵求專家意見、整合想法、與同事合作、以及勾勒故事架構。

分項列點會扼殺效果

想像一下你一打開簡報軟體時，出現的畫面是什麼：一張空白投影片，內含可填寫標題和副標題的文字框。這就點出了第一個問題：在賈伯斯的簡報中，幾乎很少看到文字。接下來，看看「格式」選單中的第一個選項就是「項目符號與編號」，這是第二個問題，因為在賈伯斯的簡報中，完全沒有用到項目符號。這套軟體的範本設計，完全與賈伯斯的簡報風格背道而馳！事實上，正如你在後續章節中會了解到的，想要讓人記住並付諸行動，文字和項目符號是傳遞資訊最**沒有效用**的方式，還是把項目符號留給你的購物清單吧！

視覺上吸引人的簡報能激發觀眾的熱情，沒錯，這確實需要下一點功夫，特別是在規畫階段。身為一名溝通教練，我常與一些執行長和高層主管合作，提升他們的媒體應對、簡報製作和公開演說的能力，其中有一位客戶是新創企業家，為了爭取與沃爾瑪的會面機會，他在阿肯色州的本頓維（Bentonville）待了整整六十天。他的技術引起沃爾瑪公司高層的興趣，成功爭取到一次測試機會，要求他向一群廣告商和高層公開演示。

我與這位客戶在矽谷一家風險投資公司辦公室，花了幾天的時間準備簡報。第一天我們什麼都沒做，只是以紙筆（也就是白板）勾勒故事架構，沒有用電腦或投影片，最後我們才將草稿轉化為投影片，十五分鐘的簡報只需要五張投影片。製作投影片並不像編寫故事那麼費時，一旦故事完成之後，設計投影片就變得輕而易舉了。切記，能捕捉觀眾想像力的是故事，而非投影片。

▶▶ 餐巾紙測試

　　圖像是傳達理念最有效的方法，與其開啟電腦做計畫，不如拿出一張餐巾紙，許多最成功的商業構想都是在餐巾紙背面隨手勾勒而成的，甚至可以說，餐巾紙對商業創意的貢獻遠超過簡報軟體。

　　我曾經認為這些「餐巾紙故事」只是記者想像出來的情節，直到我遇見遊戲公司 Cranium 的創辦人理查・泰特（Richard Tait）才改變看法。我協助他準備 CNBC 專訪時，他告訴我，在一次從紐約飛往西雅圖的航班中，他拿出一張雞尾酒餐巾紙，畫出一款桌遊的構想，這是一個讓每個人都能發揮個人特長、都有機會發光發熱的遊戲。Cranium 不僅成為風靡全球的產品，還被孩之寶（Hasbro）收購，而最初的構想竟然簡單到足以寫在一張小小的餐巾紙上。

　　另一個非常著名的企業餐巾紙故事與西南航空有關。當時的律師赫伯・凱勒赫（Herb Kelleher）在聖安東尼奧的聖安東尼俱樂部與他的客戶羅林・金（Rollin King）會面。金經營一家小型包機航空公司，有意創辦一個低成本的通勤航空，避開主要的樞紐機場，專門服務達拉斯、休斯頓和聖安東尼奧三座城市。金在餐巾紙上畫了三個圓圈，將城市名

稱寫在其中，並將三者連結起來，這是一個非常簡單的願景，凱勒赫立刻明白這個構想，他簽約擔任法律顧問（後來成為執行長），兩人於1967年共同創立了西南航空，成功改變美國的航空業，也建立起獨特的企業文化，使西南航空成為全球最受推崇的企業之一。千萬不要小看簡單到能寫在餐巾紙上的願景所蘊含的力量！

以故事為中心

在《跳脫框架，用視覺說故事，以小搏大的逆轉勝簡報術》（Beyond Bullet Points）一書中，克里夫・艾金森（Cliff Atkinson）強調：「要大幅提升簡報效果，最重要的事就是在製作投影片之前，先勾勒出一個故事。」[3] 艾金森提倡採用三步驟分鏡腳本來設計簡報內容：

撰寫腳本 → 草擬設計 → 製作成品

他主張，只有在寫好（以紙筆寫下）腳本內容之後，才開始思考投影片的視覺呈現方式。「在撰寫腳本時，必須暫時拋開有關投影片設計的問題，比如字體、顏色、背景和投影片轉場切換效果等。雖然聽起來似乎有些違反直覺，但先撰寫腳本其實會擴展視覺設計的可能性，因為這樣能幫助你在開始設計前，先確立簡報目標，能夠釋放投影片做為視覺敘事工具的潛力，帶給你和觀眾意想不到的驚喜和樂趣。」[4] 腳本完成之後，你就能夠開始設計規畫，並「製作」這場演出。無論如何，腳本必須是第一步。

精彩簡報的九大要素

有說服力的簡報腳本通常包含九個共同元素，在啟用簡報軟體之前（無論是 PowerPoint、Keynote 還是其他設計軟體），務必考慮將這些元素納入其中。後續會進一步探討這些概念，但目前在發展構想時，請將這九大要素牢記在心中。

主標語

你希望讓觀眾記住的核心想法是什麼？這個標語應該要簡短、令人印象深刻，並以主詞－動詞－受詞的結構呈現。賈伯斯在推出 iPhone 時宣稱：「今天，蘋果重新定義了手機！」[5] 這就是一個宣傳標語。標語能夠抓住觀眾的注意力，讓他們願意傾聽。不妨參考全美最受歡迎的日報《今日美國》（USA Today）當中的一些範例，能夠得到一些靈感：

「蘋果纖薄的 MacBook，功能卻無比豐富」
「蘋果 Leopard 作業系統驚豔登場」
「蘋果 iPod 又更輕巧了」

熱情宣言

演講之父亞里斯多德認為，成功的演講者必須要有「感染力」，也就是對主題的熱情，只是只有極少數的溝通者能夠表達出對主題的興奮之情。賈伯斯每次發表演講時，幾乎總是洋溢著令人振奮的熱忱，前員工甚至一些記者都曾表示，他們完全被他的熱情活力吸引。

先花幾分鐘時間填寫以下的句子，撰寫你的熱情宣言：「我對這個產

品（公司、計畫、功能等）感到非常興奮，因為它＿＿＿＿＿＿＿。」一旦確立了熱情宣言，請不要害羞，要勇於分享！

三個關鍵訊息

既然已經確定主標語和熱情宣言，不妨寫下你希望傳達給觀眾的三個關鍵訊息，這些訊息應該要簡單易記，就算沒有筆記也能輕鬆回想起。雖然在第 5 景會專門探討這個主題，但現在請記住，觀眾的短期記憶最多只能容納三到四個重點，每個關鍵訊息後應有具體的支持論點。

隱喻和類比

在發展關鍵訊息和支持論點時，要選擇適當的修辭手法以增強敘事的吸引力。亞里斯多德認為，隱喻「絕對是最重要的東西」，隱喻是將一個事物比擬為另一事物，以強化特徵、增加理解，是行銷、廣告和公關活動最有力的說服工具。賈伯斯在對話和演講中經常使用隱喻，在一次著名的訪談中，賈伯斯說道：「在我看來，電腦是人類發明過最奇妙的工具，從此我們的心智騎上了自行車。」[6]

銷售專業人士多半喜歡用運動隱喻：「我們都在為同一隊打拚」、「這不是練習賽，而是真的比賽」或「我們的打擊正火熱，繼續加油！」雖然運動隱喻的效果不錯，但請試著挑戰自己，讓觀眾意想不到。我曾看過一個有趣的隱喻，來自卡巴斯基（Kaspersky）的新防病毒軟體廣告。這家公司在《今日美國》等報紙上刊登全版廣告，畫面中是一位沮喪的中世紀士兵，身穿沉重的盔甲，背對讀者緩步離去，標題寫著：「別傷心，你曾經也很出色」。這個隱喻將當前的網路安全技術（卡巴斯基的競爭對手）比作緩慢笨重的中世紀盔甲，顯然無法與現代軍事科技相抗衡。該公司將這個隱喻延伸到網

站，配上一樣的盔甲圖像和標語，隱喻貫穿整個行銷活動。

類比和隱喻有密切的關係，也非常有效。類比是將兩種不同的事物進行比較，以突顯某些相似之處，能幫助我們理解一些不太熟悉的概念，「微處理器是電腦的大腦」就是個成功的類比，對於像英特爾這類的公司尤其適用，在許多方面，晶片在電腦中的作用就如同人類大腦一樣，雖然晶片和大腦是截然不同的東西，但有相似的功能，這個類比非常實用，因此被媒體廣泛採納。一旦找到有效的類比時，就應該堅持好好地應用在你的簡報、網站和行銷資料中。

賈伯斯特別喜歡以類比方式表達，尤其是與微軟有關的描述，在接受《華爾街日報》的記者華特．莫斯伯格（Walt Mossberg）的採訪時，賈伯斯指出，許多人都說 iTunes 是他們最愛用的 Windows 應用程式，「就像是身陷煉獄的人得到了一杯冰水！」[7]

▶▶ 亞里斯多德的說服力論證要點

賈伯斯的簡報遵循亞里斯多德經典的五點計畫，來建立有說服力的論點：

1. 傳遞一個能引起觀眾興趣的故事或陳述。
2. 提出一個必須解決或回答的問題。
3. 針對該問題提出解決方案。
4. 描述採納解決方案後的具體好處。
5. 發出行動呼籲。賈伯斯只需簡單一句：「現在就去買！」

現場示範

賈伯斯總是與員工、合作夥伴和產品一同分享聚光燈。他的演講內容中，現場示範占了相當大的比例。在 2007 年 6 月蘋果全球開發者大會（WWDC），賈伯斯展示代號為 Leopard 的全新版本 OS X 作業系統，他表示 Leopard 有三百個新功能，他選擇其中十個進行示範操作，包括 Time Machine（自動備份）、Boot Camp（讓 Mac 運行 Windows XP 和 Vista）以及 Stacks（檔案管理功能）。賈伯斯並非僅僅將功能列在投影片上加以解釋，而是坐下來向觀眾示範這些功能的操作方式，他還特別挑選出希望媒體關注報導的功能，何必讓媒體自行決定這三百個新功能中哪些最吸引人呢？**他直接告訴媒體答案。**

你的產品適合進行示範操作嗎？如果適合，就將之納入簡報中，觀眾都會希望能親眼看到、親手觸摸，甚至親自體驗你的產品或服務，請在觀眾面前展現吧！

我曾與高盛集團（Goldman Sachs）的投資人合作，協助一位矽谷半導體新創公司執行長準備簡報，他的公司股票即將上市，該公司專門製造筆記型電腦音效的微型晶片。在我們策畫投資人簡報時，這位執行長拿出一個指甲般大小的晶片說道：「你們不會相信這顆晶片能產生的音效，聽聽看。」他調高筆記型電腦的音量，播放的音樂讓在場人士都驚豔不已。這位執行長在向投資者推銷公司時，當然會採用同樣的示範（同時加強一些戲劇效果），這場首次公開募股最終大獲成功。後來，一位支持該公司的投資人打電話給我說：「我不知道你做了什麼，但那位執行長的表現真的非常出色。」我當時沒有特別告訴他，我其實是從賈伯斯的簡報技巧偷來的點子。

合作夥伴亮相

賈伯斯除了在台上展示產品，也與重要合作夥伴一起分享舞台。2005年9月，賈伯斯宣布 iTunes 上將會提供瑪丹娜的所有專輯，這位流行天后隨即透過網路視訊驚喜現身大螢幕，並開玩笑地對賈伯斯說，她已經盡可能撐到最後，但最終還是受不了不去下載自己的歌曲。無論是藝術家，還是像英特爾、福斯或 Sony 等企業合作夥伴，賈伯斯總是與那些對蘋果成功有貢獻的人一起分享舞台。

客戶見證與第三方背書

提供「客戶見證」或推薦語是銷售過程中重要的一環，很少有客戶願意做開路先鋒，尤其是在預算有限的情況下。就像招聘員工會要求提供推薦信一樣，客戶也希望聽到成功案例，這對小型公司尤為重要。即便你的銷售和市場行銷資料在精美的彩色宣傳冊中看起來很吸引人，客戶還是會抱持懷疑的態度，而影響力最大的莫過於好的口碑，成功的產品發表通常會有幾位參與測試版的客戶，他們可以為產品背書。在你的推銷中加入客戶見證，雖然簡單引用一句話就能達到效果，但你可以更進一步，錄製一段簡短的推薦影片，嵌入到你的網站和簡報中。更棒的作法是邀請客戶親自（或透過網路視訊）出席你的簡報或重要銷售會議。

你的產品有第三方評價嗎？如果有，務必善加利用，口碑是最有效的行銷工具之一，你的客戶看到信任的媒體或個人推薦時，會對自己的購買決定感到更放心。

影片片段

很少有演講者會將影片融入到他們的簡報中，而賈伯斯卻經常播放影

片片段，有時會展示員工分享他們參與某項產品開發的樂趣。賈伯斯也特別喜歡展示蘋果最新的電視廣告，從著名的麥金塔1984超級盃廣告推出開始，幾乎在每一次重要的新產品發表會上都會這麼做。他甚至曾經因為太喜歡某些廣告而播放兩次。在2008年6月蘋果全球開發者大會簡報接近尾聲時，賈伯斯宣布推出新款的iPhone 3G，這款手機能夠連接更高速的數據網路，而且價格低於當時市面上的iPhone。他播放了一則電視廣告，標語是「終於等到了，第一部超越iPhone的手機」。三十秒的廣告播放完畢後，賈伯斯微笑著說：「這不是很棒嗎？想再看一遍嗎？讓我們再播放一次，我太愛這個廣告了。」[8]

在簡報中加入影片片段會讓你脫穎而出，你可以播放廣告、員工感言、產品展示、或人們使用產品的情境、甚至是客戶的推薦，有什麼比直接聽到客戶滿意的回應更具說服力的呢？如果客戶無法親自到場，那麼透過簡短的影片也能達到同樣的效果。你可以輕鬆地將影片編碼成數位格式，如MPEG 1、Windows Media、或Quicktime，大多數簡報軟體都能支援這些格式。請記住，YouTube影片平均瀏覽時間是兩分半鐘，隨著人的注意力時間縮短，影片雖然能有效吸引觀眾注意，但如果播放時間過長，也可能會適得其反。善用影片，而播放長度不要超過兩到三分鐘。

即使對於非技術型的簡報來說，影片也是個很棒的工具。我曾經協助過加州草莓協會準備一系列即將在東岸舉行的簡報，協會成員給我看了一段短片，片中草莓農表達了他們對土地和草莓的熱愛，草莓田的景象美不勝收，我建議他們將這段影片轉換成數位檔案，嵌入投影片。在簡報中，他們這樣介紹影片：「我們知道你們可能從未親自走訪過加州的草莓田，所以決定把農民帶到你們面前。」這段影片成為簡報中最令人難忘的部分，東岸的媒體都非常喜愛。

圖板、輔助道具與演示教學

學習者可分為三種類型：視覺型（大多數人屬於這一類）、聽覺型（以聽覺感知為主的人）和觸覺型（喜歡觸摸和感受的人）。找到方法來吸引每一類的學習者，一場簡報不應該只有投影片，可以使用白板、翻頁紙板、或是平板電腦的高科技電子白板。帶一些輔助道具，例如實物產品，讓觀眾可以看到、**觸摸**和使用。在第 12 景中，你將更深入地了解如何觸及三種類型的學習者。

大多數溝通者在準備簡報時，總是太過專注於製作投影片：應該用哪種字體？該使用項目符號還是破折號？這裡需要加個圖表嗎？那裡可以放張圖片嗎？這些其實並不是在規畫階段該問的問題，如果你有產品實物，那就找其他方式展示。2008 年 10 月 14 日，賈伯斯介紹一款由鋁合金製成的新型 MacBook，稱為「一體式機身」。在他講解完製造過程後，蘋果員工在台下分發這款新機殼的樣品，**讓觀眾親自觸摸看看**。

將所有這些元素融入簡報中，就能幫助你講述一個值得聆聽的故事。投影片不是故事的主角，是你在講故事，投影片只是輔助敘事的工具。本書不會偏好任何特定的軟體，不會直接比較 PowerPoint 和 Keynote，因為在有效的簡報中，軟體不是主角，演講者才是。賈伯斯自己從 2002 年才開始使用蘋果的 Keynote 軟體，那又該怎麼解釋他自 1984 年以來的精彩簡報呢？軟體並不是答案。事實上，賈伯斯選擇使用 Keynote 而非 PowerPoint，並不代表如果你換成這個軟體，你的簡報就會更像他的，你得透過下更多的功夫建立故事情節來贏得觀眾青睞，而不是光憑投影片。

利用記事本或白板來規畫你的想法，能幫助你讓故事更具體化並簡化組成的內容。1996 年，賈伯斯重返蘋果，接替被迫下台的吉爾・艾米里歐（Gil Amelio）。他發現公司有四十多種不同的產品，這讓顧客感到困惑，他果斷

地下了決策，徹底簡化產品線。利安德·卡尼（Leander Kahney）在《賈伯斯在想什麼？》（*Inside Steve's Brain*）一書中寫道，賈伯斯召集了高層管理團隊進入他的辦公室，「在白板上畫了一個非常簡單的二乘二方格，上方寫著『消費者』和『專業人士』，旁邊寫著『攜帶型』和『桌上型』。」[9] 在賈伯斯的領導下，蘋果只提供四款電腦：兩款筆記型和兩款桌上型電腦，分別針對消費者和專業用戶。這只是眾多故事的其中之一，我們從中了解到，當賈伯斯以視覺化方式來思考的時候，往往能得到最好的想法。

無論你是習慣在白板、黃色便條紙、還是便利貼上規畫，都應該先花些時間感受類比思維，再轉向數位軟體，最終的簡報將會更有趣、更吸引人，且讓聽者感受到切身相關。

導演筆記 DIRECTOR'S NOTES

》在打開簡報軟體之前先進行規畫，利用紙筆或在白板上草擬想法。

》為了讓你的簡報生動有趣，請融入以下九個元素中的一部分，甚至全部：主標語、熱情宣言、三個關鍵訊息、隱喻和類比、現場示範、合作夥伴亮相、客戶見證、影片片段、利用道具。

》想要效法賈伯斯的演講風格，與你使用哪一種簡報軟體（PowerPoint、Keynote 等）沒有太大關聯，關鍵在於你構思和傳遞故事的方式。

第1景 》》用非數位工具計畫 | 045

第 2 景 ≫
回答最關鍵的問題

> 必須先關注客戶需求，再回頭思考技術層面，不能反其道而行。
> ——賈伯斯，1997 年 5 月 25 日蘋果全球開發者大會

1998 年 5 月，蘋果推出一款引人注目的新產品，希望能挽救其日益萎縮、已降至不到百分之四的電腦市場占有率。賈伯斯在發布這款機身半透明的全新 iMac 時，詳細說明製造這款電腦的理由、目標市場，以及顧客購買新系統會得到的好處：

雖然這是一台功能齊全的麥金塔，我們的目標是針對消費者最關心的需求，也就是簡單快速地上網。我們也瞄準教育市場，他們會想要購買這些電腦，因為能夠滿足大部分的教學需求……我們調查了市面上所有的消費者產品，發現一些普遍存在的問題。首先，速度都很慢，用的全都是去年的處理器。其次，顯示器效果都很差……很可能沒有網路功能……都是用舊一代的 I/O 設備，意思就是性能較差而且操作困難……還有，看起來真的很醜！所以，讓我來為大家介紹 iMac。[1]

描述完現有產品的缺點後，賈伯斯為觀眾勾勒了一幅清晰的路線圖，列出他接下來要詳細介紹的功能（第 5 景將深入探討如何規畫路線圖），他讓觀眾了解到，新款的 iMac 速度快得「驚人」、配備「豪華的」15 吋顯示器、大量的內建記憶體，以及讓學生和家庭用戶更輕鬆連接網路的組件。他帶來一貫的驚喜時刻，走到舞台中央，揭開了新電腦的神祕面紗。

你的觀眾希望能接收資訊、得到知識，又能享受娛樂：他們希望了解你的產品、學習如何操作，並在學習過程中獲得樂趣。最重要的是，觀眾真正關心的只有一件事：這跟我有什麼關係？讓我們仔細看看 iMac 那段描述。賈伯斯向觀眾說：「意思是……」他為聽眾串聯了所有重點，雖然他可能讓業界對蘋果未來的產品發布計畫保持懸念，但當新產品正式亮相時，他從不讓觀眾摸不著頭緒。為什麼你應該關注蘋果的新電腦、MP3 播放器、手機或其他裝置？別擔心，賈伯斯會告訴你答案。

傳聞屬實

多年來，蘋果與英特爾一直是競爭對手，甚至在 1996 年一則電視廣告中，燒毀英特爾的無塵衣兔裝人（Intel bunny man）。十年後，蘋果終結了這場競爭，宣布新的麥金塔電腦系統不再使用 IBM 的 PowerPC 晶片，改用英特爾的處理器。2005 年 6 月 6 日，賈伯斯在舊金山舉辦的蘋果全球開發者大會上宣布這項變動。

有關轉換的傳聞已經流傳了好幾個月，許多觀察家對此轉變都表示擔憂。*eWeek* 雜誌的記者認為，PowerPC 在蘋果品牌中一直運作良好，實在很難相信蘋果會將 PowerPC 改換成英特爾處理器，開發者也怨聲載道。賈伯斯必須讓眾人相信這個轉變是正確的選擇，他的簡報極具說服力，成功地改

變了人們的看法，因為他用簡單直白的語言回答了最重要的問題：這與蘋果的客戶和開發者有什麼關係？

沒錯，這是真的，我們將開始從 PowerPC 過渡到英特爾處理器。為什麼要這麼做？我們不是才剛從 OS 9 升級到 OS X 嗎？現在的業績不是很好嗎？因為我們著眼於未來，希望為客戶打造最好的電腦。兩年前，我曾經站在這裡向你們承諾這個（投影片上顯示 3GHz 的桌上型電腦），但我們沒能如期交付。我想很多人都希望能在 PowerBook 上有 G5 處理器，可惜我們沒能實現這一點。然而，這些都不是最重要的原因。展望未來，雖然我們現在有一些優秀的產品，但還是希望能為客戶打造出更令人驚豔的產品，可惜未來 PowerPC 的技術路線無法實現這些構想。這就是我們要這麼做的原因。[2]

賈伯斯將此論點闡述得非常有說服力，當天許多觀眾聽完之後，對於這次轉型不再存疑，認為對蘋果、開發者和客戶是正確的決定，充滿信心。

跟我有什麼關係？

在規畫簡報時，請時刻記住，重點不在於你而在聽簡報的觀眾，他們心中只有一個疑問：「這跟我有什麼關係？」你必須一開始就回答這個問題，才能立刻引起觀眾的興趣，讓他們專注在你身上。

我曾經協助一位執行長準備一場重要的分析師簡報，並問他打算要如何開場。他提出了這一段枯燥乏味、又令人困惑的開場白：「我們公司是一家頂尖的智慧型半導體知識產權解決方案開發商，能大幅加速複雜的系統單

晶片設計，同時降低風險。」我聽完後愣住了，建議他參考賈伯斯的作法，去掉所有的行話，如「智慧型」、「解決方案」等，直接回答關鍵問題：你的產品跟客戶有什麼關係？

展現你最好的賈伯斯風格

2006 年夏天，英特爾推出一款名為 Core 2 Duo 的處理器。Duo 代表雙核心，意指每個微處理器上都有兩個「核心」或「大腦」。這樣的介紹聽起來也許不那麼令人興奮，但如果你能回答出最關鍵的問題：「跟我有什麼關係？」就會變得非常有趣了。

有位顧客走進電腦專賣店，向店員詢問筆記型電腦的資訊，讓我們假設兩種情境：第一個情境的店員沒讀過這本書，因此沒有回答那個最關鍵的問題，而在第二個情境，店員化身為「賈伯斯」，回答出顧客最在意的問題：「跟我有什麼關係？」因而更有可能達成交易。

情境一

顧客：嗨，我想找一台輕便、速度快、內建 DVD 的筆記型電腦。

店員：您應該看看搭載英特爾 Core 2 Duo 的機型。

顧客：喔，我不知道英特爾也有在做電腦！

店員：他們沒有在做電腦。

顧客：你能詳細介紹一下嗎？

店員：英特爾的雙核心處理器內建兩個運算引擎，可以同時處理資料，而且速度更快。

顧客：這樣啊，我再去別的地方看看吧。

在這種情況下，顧客當然會選擇到別的地方去看看。雖然店員的解釋在技術上並沒有錯，但顧客卻得花太多心力去理解新系統如何改善他的生活，這樣太傷腦筋了，正如你將學到的，大腦其實是懶惰的器官，會盡量節省精力，如果讓大腦過度運作，你就會失去觀眾的注意力。顧客的心中只有一個關鍵問題，店員沒有正面回答，反而顯得冷漠甚至有些傲慢。讓我們再試一次，這次，店員將生動地展現賈伯斯風格。

情境二

店員：嗨，我可以為您服務嗎？

顧客：我想找一台輕巧又快速的筆記型電腦，還要有 DVD。

店員：您來對地方了。我們有超多款輕便又高速的筆記型電腦，您有考慮過搭載英特爾 Core 2 Duo 處理器的機種嗎？

顧客：沒有耶，那是什麼？

店員：您可以把微處理器想像成是電腦的大腦，現在，這些英特爾晶片讓您在一台電腦裡擁有兩個大腦，**意思是**您可以同時進行許多有趣又有成效的工作，比方說，可以一邊下載音樂，一邊在後台執行全系統的病毒掃描，完全不會影響到電腦速度，應用程式也會載入得更快，可以同時處理多個文件，DVD 的播放效果會更好，電池的續航力也更久。而且，還不只如此：螢幕畫質也非常精美哦。

顧客：太棒了，請帶我看看那些電腦吧！

在這個情境中，店員用簡單易懂的語言，透過具體實例讓產品變得貼近顧客需求，同時回答了顧客唯一關心的問題：這個處理器跟我有什麼關係？訓練銷售人員以這種方式介紹產品的零售商，將能在競爭中脫穎而出。說起來，其實有一家零售商就是這麼做的，那就是蘋果公司。

> 走進大多數的蘋果專賣店，你會遇到熱情的銷售員工，迫不及待地向你說明蘋果產品如何讓你的生活變得更美好。

這位執行長修改了他的開場白。他決定走上舞台，請大家拿出自己的手機，他說：「我們公司開發的軟體被用來製造許多手機內部的晶片，隨著這些晶片變得越來越小且成本更低，你們的手機也會變得更小、電池續航力更持久，也能順暢地播放音樂和影片，這一切都要歸功我們的技術在背後默默運作。」

與前一段相比，執行長的哪一段開場白能更有效地抓住你的注意力？當然是第二個，沒有用什麼專業術語，只回答**一個**最重要的問題，給了觀眾一個聽下去的理由。

記者擅長回答讀者最關心的問題，注意一下《紐約時報》或《今日美國》中的產品描述，文章的寫作方式都讓讀者容易理解。例如，2009 年 1 月 20 日，思科系統宣布計畫大舉進軍由 IBM、HP 和 Dell 主導的伺服器市場，這款新產品是一台搭載虛擬化軟體的伺服器。虛擬化是最難解釋的概念之一，維基百科將伺服器虛擬化定義為「將實體伺服器電腦劃分為多個伺服器的技術，使每個虛擬伺服器看似各自獨立運作且具備完整功能。」[3] 這樣你懂了嗎？恐怕還是不懂。《紐約時報》的艾胥黎・范思（Ashlee Vance）則採用不同的說法：「虛擬化產品讓企業能夠在每台實體伺服器上同時運行多種商業應用程式，而不僅限一個，這樣不僅能節省電力，還能充分發揮硬體設備的效益。」[4]

兩種說法的區別，當然在於范思回答了讀者最關心的一個問題：「虛擬化對我來說有什麼意義？」在這個例子中，他確立目標讀者是關心此事的

投資者、IT 決策者和商業領導人。

你的聽眾也很想知道：「跟我有什麼關係？」如果你的產品能幫助客戶賺錢或省錢，或是能夠讓某些任務變得更簡單、更有趣，就明白點出這些好處，要趁早、經常而且明確地告訴客戶。賈伯斯從不讓人猜測，在解釋新產品或功能背後的技術之前，他都會先說明這些產品如何提升用戶使用電腦、音樂播放器或各種裝置的體驗。

表 2.1 提供一些實例，概述賈伯斯如何推銷新產品或新功能的優勢。

表 2.1 賈伯斯推銷產品的優勢

日期／產品	優勢
2003 年 1 月 7 日 Keynote 簡報軟體	「使用 Keynote，就像有個專業的美工團隊為你設計投影片。當你製作重要的簡報時，這就是你的最佳選擇。」[5]
2006 年 9 月 12 日 iPod nano	「全新 iPod nano 為音樂迷帶來更多他們熱愛的功能：相同價位享有雙倍儲存空間、令人讚歎的 24 小時電池續航力，還有五種色彩絢麗的精緻鋁合金外殼設計。」[6]
2008 年 1 月 15 日 Time Capsule 備份服務 （適用於安裝 Leopard OS 的 Mac）	「有了 Time Capsule，所有珍貴的照片、影片和文件都會自動備份，若遺失也能輕鬆還原。」[7]
2008 年 6 月 9 日 iPhone 3G	「iPhone 上市才一年，我們又推出了全新的 iPhone 3G，價格減半、效能雙倍。」[8]
2008 年 9 月 9 日 iTunes 的 Genius 智慧精選功能	「Genius 智慧精選讓你輕鬆一按，即可從音樂庫中自動建立搭配完美的播放清單。」[9]

▶▶ 避免自我陶醉、堆砌行話的無效表達

在你所有行銷材料中，無論是網站、簡報投影片還是新聞稿，都要回答那唯一關鍵的問題。最應該明白這一點的公關專業人士，往往是最容易違反此規則的人，大多數公關新聞稿通常都是自我陶醉、堆砌行話的無效表達，許多新聞工作者根本懶得閱讀，因為這些文件沒有回答記者最關切的問題：這跟我的讀者有什麼關係？

我曾是一名記者，看過無數公關新聞稿，能回答關鍵問題的少之又少，大多數記者也都深有同感。太多公關稿都只聚焦於公司內部變動（如管理階層任命、新商標、遷新辦公室等），這些事情沒什麼人在乎，即使有人感興趣，資訊往往也模糊不清。隨意挑選某天的新聞稿來看，你會越看越茫然，想不通怎麼會有人在意這些資訊。

來輕鬆一下，我挑選幾篇在相近時間發布的公關新聞稿樣本來看看，日期並不重要，大多數新聞稿都違反了基本的說服原則。

- 「A公司今天宣布，已與B公司簽訂獨家分銷協議。根據協議條款，A公司將成為B公司的全國柴油引擎廢氣處理液獨家經銷商。」說真的，誰在乎呢？我希望我能夠告訴你這份新的經銷協議對任何人（甚至股東）有什麼好處，但我無法，因為這篇新聞稿從頭到尾都沒有直接回答這個問題。
- 「○披薩店榮獲 *Pizza Marketplace* 雜誌評選為2008年度最佳披薩連鎖店。」新聞稿指出，○披薩店之所以得到這項榮譽，要歸功於穩定的利潤表現、連續六季銷售額成長、以及全新管理團隊的帶領。現在，如果○披薩店為了慶祝這項榮耀而提供顧客特別的折扣優惠，就很有新聞價值了，但文中完全沒有提到○披薩店與其他數千家店

有何不同。這類新聞稿屬於「自我陶醉」型的公告，對高層管理之外的人來說，幾乎毫無意義。

- 「X企業已宣布新增〈2008年中國鋼鐵市場年報及2009年展望報告〉至其產品服務中。」真的嗎？我敢打賭全球有數百萬人都在等待這份新報告！我開玩笑的。這又是一個浪費機會的例子。如果這篇新聞稿一開始就提供新報告中的一些震撼資訊，我或許會稍微感興趣一點，這代表要把讀者放在第一位，可惜的是，大多數撰寫新聞稿的公關人員，本身並沒有接受過記者的專業訓練。

- 這是另一個來自夏威夷某電力公司的範例：「Y公司今日宣布，Z已被任命為總裁兼執行長，並將於2009年1月1日起生效。Z接替於今年八月辭去總裁兼執行長職位的X。」我們還得知，這位新任執行長在公營事業體系有三十年經驗，而且在大島生活了二十年。這種資訊真是太棒了，不是嗎？難道不會讓你感到一陣溫暖嗎？同樣的，這篇新聞稿也錯失了與公司投資者和客戶建立連結的機會。如果新聞稿開頭就提到新任執行長計畫立即採取哪些措施來改善服務，將會更具吸引力和新聞價值。

大多數新聞稿未能引起興趣，因為沒有回答到讀者最關切的問題。在你的簡報、宣傳和行銷材料中，千萬不要犯同樣的錯誤。

沒有人會願意聽一場沒有任何益處的推銷或者是簡報，如果仔細觀察賈伯斯的簡報，你會發現他並不是在推銷產品，而是在推銷未來更美好的夢想。蘋果在2007年初推出iPhone的時候，CNBC的記者吉姆・戈德曼

（Jim Goldman）問賈伯斯：「為什麼 iPhone 對蘋果這麼重要？」賈伯斯沒有討論股東價值或市場占有率，反而是提出了一個更美好的體驗願景：「我認為 iPhone 可能會改變整個手機產業，打電話和通訊錄有更強大的功能，我們也把最棒的 iPod 完全整合進去，放進網路功能，裡面有瀏覽器、電子郵件，還有世界上最棒的 Google 地圖。iPhone 將這些東西全部放進你的口袋裡，而且用起來比以前簡單十倍。」[10] 賈伯斯先解釋了「為什麼」，才說明該「怎麼做」。

你的簡報觀眾並不在乎產品，而是在乎他們自己。根據前蘋果員工兼麥金塔宣傳大使蓋伊・川崎（Guy Kawasaki）的說法：「傳道的本質是熱情地向人展示如何共同創造歷史，與現金流、盈虧或共同行銷無關，而是最純粹、最熱情的銷售形式，因為你銷售的是夢想，而不是實體物品。」[11]

銷售夢想，而非產品。

導演筆記 DIRECTOR'S NOTES

- 問自己：「這個想法／資訊／產品／服務跟我的簡報觀眾有什麼關係？」如果你希望觀眾從對話中只記住**一件事**，那會是什麼？專注於銷售產品帶來的優勢。

- 將**一件事**盡可能地表達清楚，並在對話或簡報中重複至少兩次。切忌滿口行話和專業術語，讓你的訊息更容易理解。

- 確保**一件事**一致出現在所有的行銷材料當中，包括新聞稿、網站頁面和簡報。

第3景 ➤
培養救世般的使命感

> 我們在這裡,就是要在宇宙萬物間留下印記。
>
> ——賈伯斯

　　紐約上西區的豪華公寓大樓聖雷莫(San Remo),位於第七十五街,能俯瞰中央公園,景色壯麗。最著名的住戶有如當代文化名人錄,包括老虎伍茲、黛米‧摩爾、達斯汀‧霍夫曼、U2樂團主唱波諾(Bono),還有一位滿懷理想的年輕人也曾經住過這裡,他就是史蒂夫‧賈伯斯。

　　1983年,賈伯斯積極地招攬當時的百事可樂總裁約翰‧史考利加入蘋果,他們迫切需要像史考利這種行銷和管理的人才。雖然賈伯斯使出了渾身解數,但因為這個職位需要舉家搬遷到美國西岸,薪水也低於預期,史考利始終不為所動。然而,一句話將改變一切,徹底改變蘋果的命運、改變史考利的職業生涯,也揭開了賈伯斯非凡人生的序幕,讓他從天才少年到失敗者、英雄,最後成為傳奇。史考利的自傳《蘋果戰爭》(*Odyssey*,暫譯)中,史考利回想起促使他決定接受這份工作的那場關鍵對話,留下美國商業史上最著名的經典名言之一。

史考利表示：「我們當時站在陽台西側，面對哈德遜河，賈伯斯終於直接問我：『你願意來蘋果嗎？』我說，『史蒂夫，我真的很欣賞你們做的事，對此感到興奮，誰不會被吸引呢？但我實在沒有理由過去，史蒂夫，我很樂意當你的顧問，盡我所能幫助你，但我真的沒辦法加入蘋果公司』。」

史考利說賈伯斯垂下頭，停頓了一會兒，目光凝視著地面，隨後抬起頭，對史考利發出了一直纏繞在他心頭的戰帖。賈伯斯說：「你打算一輩子賣糖水，還是來跟我們一起改變世界？」[1] 史考利說，那一刻就像是有人朝他腹部給了一記重擊。

現實扭曲力場

史考利曾親眼見識過蘋果副總裁巴德・特里布爾（Bud Tribble）形容賈伯斯的「現實扭曲力場」：一種讓人心甘情願相信一切的能力。許多人無法抗拒這種強人的吸引力，願意跟隨賈伯斯走向應許之地（或至少是下一款酷炫的 iPod）。

很少有人能夠逃脫賈伯斯的魅力，那種吸引力來自於他對產品的熱情。觀察家曾表示，賈伯斯說話的方式、展現出的熱情，能夠感染在場的每一個人，讓人無法脫身，即便是應該對這種吸引力免疫的記者，也無法逃離這種影響。前 Wired.com 的編輯利安德・卡尼採訪過賈伯斯的傳記作家艾倫・多伊奇曼，描述他與賈伯斯的一次會面：「他經常直呼你的名字，目光熱切地直視著你，他的眼神如同電影明星般能催眠你。但真正打動人的是他說話的方式，不管談論什麼主題，他講話的節奏和散發出的強烈熱情，真的會讓人無法抗拒。」[2]

做你熱愛的事

多伊奇曼表示，賈伯斯的魅力之謎在於「他說話的方式」，但究竟是什麼讓他說話的方式這麼吸引人呢？賈伯斯說話時熱情十足、精力充沛。他曾分享過自己的熱情來源：「你必須找到自己熱愛的事物，工作會占據你生命的重要部分，唯一讓你真正滿足的方法是從事你認為偉大的工作，而成就偉大工作的唯一方法，就是熱愛你做的事。如果你還沒找到，就繼續尋找，不要停下腳步。」[3]

每個人都有自己獨特的使命，有些人像賈伯斯一樣，從小就找到了自己的目標，但也有些人終其一生都沒有找到，因為他們總是忙著與人攀比。追求財富本身絕對會讓你迷失方向，而且注定會失敗，賈伯斯之所以成為億萬富豪和出色的溝通者，正是因為他始終追隨內心的呼喚和熱情，他很清楚財富自然會隨之而來。

▶▶ 在瘋狂中，我們看見天才

「我認為，選擇購買蘋果電腦的人總是有些與眾不同，他們是世界上富有創造力的靈魂，他們並非只為了完成工作，而是想要改變世界。我們的產品就是為了這些人打造的……我們將繼續為那些自始至終支持我們的用戶服務。很多時候，別人覺得他們很瘋狂，但正是在這些瘋狂之中，我們看到了天才，而我們打造的工具正是為了這些天才。」[4]——賈伯斯

發掘自己的核心目標

你的核心目標是什麼？一旦找到了，就要充滿熱情地表達出來。我記者生涯中最深刻的經歷之一，就是與克里斯·葛德納（Chris Gardner）的訪談。在《當幸福來敲門》（*The Pursuit of Happyness*）電影中，葛德納是由威爾·史密斯扮演。

一九八〇年代，現實中的葛德納為了成為股票經紀人，爭取到一個無薪實習的機會。當時他無家可歸，晚上睡在加州奧克蘭地鐵站的洗手間裡，雪上加霜的是，他還有一個兩歲的兒子要照顧，父子倆每晚一起睡在洗手間地板上。每天早上，葛德納都會穿上他唯一的一套西裝，把兒子送到一個不太可靠的托兒所，然後去公司上課。後來葛德納在班上以第一名的成績畢業，成為證券經紀人，賺了數百萬美元。

在《商業周刊》（*BusinessWeek*）一篇專欄採訪中，我問他：「葛德納先生，您是怎麼找到堅持下去的動力？」他的回答令我印象深刻，至今難忘：「找到自己熱愛的事，讓你每天早上都迫不及待起床去做的一件事。」[5]

在《基業長青：高瞻遠矚企業的永續之道》（*Built to Last: Successful Habits of Visionary Companies*）一書中，作者詹姆·柯林斯（Jim Collins）和傑瑞·薄樂斯（Jerry Porras）研究了十八家頂尖企業，他們得出的結論是：個人往往受到「核心價值觀和超越賺錢的使命感」激勵。[6] 從賈伯斯早期的訪談中不難看出，他追求的是創造卓越的產品，而非如何靠這些產品賺取更多財富。

在美國公共電視台（PBS）《電腦狂的勝利》（*Triumph of the Nerds*）的紀錄片中，賈伯斯曾說：「我二十三歲時的身價超過一百萬美元，二十四歲時超過一千萬美元，二十五歲時超過一億美元，但那些並不重要，因為我做這一切從來不是為了賺錢。」[7] **我做這一切從來不是為了賺錢**，這句話道

盡了非凡人物與平庸之輩間的關鍵差別。賈伯斯曾說，他並不追求成為「墓園首富」，而是「每晚睡覺前告訴自己，今天我們做了些了不起的事，那才是我真正在乎的。」[8] 了不起的演說者充滿熱情，因為他們追隨內心的聲音，他們的演說成為分享這份熱情的舞台。

麥爾坎·葛拉威爾（Malcolm Gladwell）在《異數：超凡與平凡的界線在哪裡？》（*Outliers*）一書中提出一個有趣的觀察。他認為，推動個人電腦革命的領導者大多都是在 1955 年出生，他稱之為「神奇的一年」。根據葛拉威爾的說法，這個時間發展是合邏輯的，因為第一台「迷你電腦」Altair 於 1975 年問世，標誌個人電腦史上最重要的發展之一。他指出：「如果你在 1975 年已經大學畢業好幾年，那麼你屬於舊框架的人，你剛買了房子、結了婚、孩子也快出生了，你不可能放棄一份穩定的工作和退休金，只為了一個價值 397 美元虛無縹緲的電腦套件夢想。」[9] 同樣的，如果 1975 年時你還太年輕，也未必夠成熟來參與這場革命。

葛拉威爾推測，科技業巨頭的理想年齡在 1975 年時大約是二十或二十一歲，也就是那些出生於 1954 或 1955 年的人。賈伯斯生於 1955 年 2 月 24 日，天時地利，正好能把握住這個時機。葛拉威爾指出，賈伯斯是在那兩年之間出生的眾多科技領袖之一，這時期的領袖還包括微軟創辦人比爾·蓋茲和保羅·艾倫（Paul Allen）、微軟前執行長史蒂夫·鮑爾默（Steve Ballmer）、Google 前執行長艾瑞克·施密特（Eric Schmidt）、昇陽電腦創辦人史考特·麥克尼利（Scott McNealy）等人。

葛拉威爾的結論是，這些人之所以成功，正是因為當時的電腦並不是大賺錢的產業，只是很酷，而他們都熱中於研究和改造。葛拉威爾認為，成功的祕訣就是：做自己感興趣、熱愛的事，並追隨自己的核心目標，如同賈伯斯說的，你的內心知道自己想去哪裡。

▶▶ 夢寐以求

在 MacBook Air 產品發表會之後，約翰‧馬科夫（John Markoff）在《紐約時報》的一篇文章中提到他親眼目睹賈伯斯的熱情。馬科夫在會後與賈伯斯聊了三十分鐘，注意到賈伯斯對個人電腦的熱情，甚至比他在舞台上的表現還要更明顯。賈伯斯興奮地對馬科夫說：「我會是第一個排隊買這台電腦的人，這是我夢寐以求的。」[10]

全世界最幸運的人

2007 年 5 月 30 日，賈伯斯和比爾‧蓋茲在 D: All Things Digital 技術大會上罕見地同台亮相。《華爾街日報》專欄作家華特‧莫斯伯格和卡拉‧史威舍（Kara Swisher）與這兩位科技巨擘討論了各種話題，問到賈伯斯對於蓋茲當一個慈善家的「事業第二春」有何看法時，賈伯斯讚揚了蓋茲，認為蓋茲的目標不是抱著財富成為墓園首富，而是讓世界變得更美好。

老實說，我敢肯定比爾在這方面和我一樣，我的意思是，我在中產階級稍微偏中下階層的家庭中長大，我從來不太需要關心錢的事。而我也很幸運，蘋果在創立初期就取得成功，因此完全不必操心財務問題，所以我一直能專注於工作，隨後投入家庭。我覺得我和比爾是世界上最幸運的兩個人，因為我們找到自己熱愛的事，正好碰上天時地利。三十年來每天和一群絕頂聰明的人合作，投入我們熱愛的工作，很難有比這更幸福的事了。我其實不太在意歷史定位的問題，我只想每天起床去公司和這些優秀夥伴一起共事，創造出大家都會喜愛的產品，

如果能達成這個目標，那就很滿足了。[11]

在這段話中，賈伯斯完全沒有提到財富、股票期權或私人飛機，這些東西固然不錯，但卻無法激勵賈伯斯。他的動力來自於設計人人喜愛的優秀產品，做他自己熱愛的事。

> ▶▶ 媒體天后歐普拉分享賈伯斯成功的祕訣
>
> 「追隨你的熱情，做自己熱愛的事，財富自然會隨之而來。大多數人並不相信，但這是真的。」[12]——歐普拉‧溫芙蕾（Oprah Winfrey）

激勵人們共創美好未來

一切都從熱情開始。當你熱情地描繪出一個更有意義的世界，讓你的顧客或員工能夠參與共同創造，這份熱情便能激發聽眾的熱烈回響。

馬克斯‧巴金漢（Marcus Buckingham）在蓋洛普（Gallup）工作的十七年間，訪問過無數在職場上表現優異的員工，得出自己認為最精確的領導力定義：「偉大的領導者號召人們創造更美好的未來。」他在《你不可不知的一件事》（The One Thing You Need to Know，暫譯）書中如此寫道。[13]

領導者心中都有一幅清晰的未來願景，根據巴金漢的說法：「領導者總是對未來充滿熱情。如果你渴望變革、迫切追求進步、對現狀深感不滿，那麼你就是一位領導者。」他解釋道，「身為一名領導者，你永遠不會對現

狀感到滿足,因為在你心中能看到一個更美好的未來,『現狀』與『未來可能』之間的矛盾會點燃你的熱情、激起你的鬥志、推動你勇往直前,這就是領導力。」[14] 賈伯斯的願景無疑深深激勵了他,推動他前進,他曾對約翰・史考利表示,他夢想著每個人都能擁有一台蘋果電腦,但他並未就此止步,而是將這個夢想分享給所有願意傾聽的人。

真正的傳道者有一股救世般的熱情,致力於創造全新的體驗。「賈伯斯常用生動且宏大的語言表達自己的想法,這是他的特色,」史考利寫道,「他(賈伯斯)解釋說,『我們的目標是改變人們使用電腦的方式,我們有一些突破性的想法,將徹底顛覆人們使用電腦的方式。蘋果將成為全球最重要的電腦公司,遠遠超過IBM』。」[15] 賈伯斯絕不是只為了製造電腦而努力,相反的,他心中有一股強烈的願望,就是創造能釋放人類潛能的工具。一旦你理解兩者的區別,你就會明白是什麼引發了他著名的現實扭曲力場。

》》一段不可思議的旅程

「蘋果是一段不可思議的旅程,我們在那裡完成了一些驚人創舉,讓我們凝聚在一起的是那種改變世界的創造力,這對我們來說意義非凡。我們當時都很年輕,公司員工的平均年齡大約在二十多歲。剛開始時幾乎沒有人成家,大家都瘋狂地投入工作,而最大的滿足感來自於,我們覺得自己正在共同打造一件藝術品,就像二十世紀的物理學一樣。這是影響深遠的重要成果,大家共同為之付出心力,然後再傳遞給更多的人,那個擴大效應是巨大無比的。」[16] ——賈伯斯,1995年4月20日,史密森尼學會（Smithsonian Institution）

電腦和咖啡的共同點

　　為蘋果打造過眾多經典廣告的 TBWA/Chiat/Day 廣告公司董事長李・克勞（Lee Clow）曾這樣評價過賈伯斯：「史蒂夫從小就認為他的產品能夠改變世界。」[17] 這正是理解賈伯斯的關鍵，他的魅力來自於一個宏大卻又簡單的願景，也就是讓世界變得更美好。

　　賈伯斯讓蘋果的程式設計師相信他們正在攜手改變世界，基於道義與微軟劃清界線，努力讓人們的生活變更好。例如，賈伯斯在 2003 年接受《滾石》（Rolling Stone）雜誌訪問時談到 iPod，他表示，這款 MP3 播放器不僅僅是音樂小工具，而是有更深遠的意義，賈伯斯說：「在這個數位時代，音樂被重新塑造出新的樣貌，音樂被帶回人們的生活，這是一件很棒的事，透過我們小小的努力，讓這世界變得更美好。」[18] 在一些人眼中，iPod 只是個音樂播放器，而賈伯斯看到的卻是美好的世界，讓人們能夠輕鬆取得自己喜愛的歌曲，隨時隨地享受音樂，生活更加豐富多彩。

　　賈伯斯讓我想起了另一位我有幸見過的商業領袖，他是星巴克執行長霍華・舒茲。在採訪他之前，我拜讀了他的著作《STARBUCKS 咖啡王國傳奇》（Pour Your Heart into It）。舒茲對自己的事業充滿熱情，這本書中幾乎每一頁都能看到「熱情」這個字，但我很快就發現，他真正熱愛的並非咖啡本身，而是那些咖啡師，也就是星巴克體驗的創造者。

　　事實上，舒茲的核心願景並非單純提供優質的咖啡，而是更遠大的目標，他希望創造一種全新體驗，一個介於工作與家庭之間的第三空間，讓人們能自在地聚會交流。他希望建立一家給予員工尊重與尊嚴的公司，這些快樂的員工將提供出色的顧客服務，成為業界中的黃金典範。我在檢視與舒茲訪談的文字紀錄時，驚訝地發現，「咖啡」這個字很少出現，他的願景與咖

啡無關,而是關乎星巴克傳遞的整體體驗。

「有些管理者對熱情表達夢想感到不自在,然而,正是這份熱切的情感才能吸引並激勵他人。」柯林斯和薄樂斯在他們的著作《基業長青》寫道。[19] 像賈伯斯和舒茲這樣的溝通者,對於自家產品如何改善顧客生活充滿熱情,他們並不怕表達出來。咖啡、電腦或 iPod 都不是重點,重要的是,他們的動力來自於改變世界的願景,他們想要「留下宇宙萬物間的印記」。

本書提供許多簡報技巧幫助你更成功地推銷你的理念,但任何技巧都無法彌補你對服務、產品、公司或事業缺乏的熱情,關鍵在於找出你真正熱中的事物,通常並不在「那個小玩意」本身,而是它如何改善顧客的生活。這是賈伯斯在 1996 年接受《連線》(*Wired*)雜誌訪問時的一段摘錄:「『設計』這個字很有意思,有些人認為設計就是指外觀,但深入了解後,你會發現設計指的其實是運作方式。Mac 的設計我們不僅僅是看重外觀,雖然那算是其中一部分,但主要還是在於如何運作。要設計出真正出色的產品,你必須對其完全心領神會,這需要極大的熱情投入,徹底了解,仔細琢磨,而不是囫圇吞棗,大多數人都沒有花心力這麼做。」[20] 沒錯,心領神會(grok)就是賈伯斯用的字。就像舒茲並不熱中於咖啡本身,賈伯斯也並非對硬體充滿熱情,他熱愛的是設計如何使事物運作得更完美。

▶▶ 魅力領袖

「我原本不太清楚『領袖魅力』是什麼意思,直到認識史蒂夫‧賈伯斯才明白。」[21] ——賴瑞‧特斯勒(Larry Tesler),前蘋果科技總監

不同凡「想」

洛杉磯廣告公司 TBWA/Chiat/Day 為蘋果製作了一個電視和平面廣告，成為企業史上最著名的廣告之一。

這則廣告是「不同凡『想』」（Think Different），於1997年9月28日首度亮相，立刻成為經典。廣告黑白畫面上出現了著名的反傳統者，如愛因斯坦、美國非裔人權領袖馬丁‧路德‧金恩、維京集團創辦人理查‧布蘭森（Richard Branson）、約翰‧藍儂、傳奇女飛行員愛蜜莉亞‧艾爾哈特（Amelia Earhart）、拳王穆罕默德‧阿里、喜劇女演員露西兒‧鮑爾（Lucille Ball）、創作樂手巴布‧狄倫（Bob Dylan）等人，旁白則由演員李察‧德雷福斯（Richard Dreyfuss）配音：

向那些瘋狂的傢伙們致敬。他們特立獨行、他們桀驁不馴、他們惹事生非、他們格格不入、他們不人云亦云、他們不墨守成規、他們也不安於現狀。你可以引述他們、質疑他們、頌揚他們或醜化他們，但唯獨不能漠視他們，因為他們改變了世界，推動人類向前發展。或許他們是別人眼裡的瘋子，但卻是我們眼中的天才。因為只有那些瘋狂到自認為能改變世界的人，才能真正地改變世界。[22]

這個廣告活動不僅贏得無數獎項，成為狂熱粉絲的最愛，還熱播五年之久，這項紀錄對廣告生命週期來說堪稱不朽。這則廣告不但讓大眾重新點燃了對蘋果產品的熱情，也開始關注賈伯斯這位電腦界最具影響力的反傳統人物之一。

曾經被賈伯斯的現實扭曲力場深深吸引的艾倫‧多伊奇曼，在他的著

作《史蒂夫·賈伯斯復出記》中，描述了賈伯斯與《新聞週刊》（*Newsweek*）記者凱蒂·哈夫納（Katie Hafner）之間的一次會面，她是第一位看到 Think Different 新廣告的外部人士。根據多伊奇曼的說法，哈夫納在星期五早上來到蘋果總部，等了很久才看到賈伯斯出現，「他終於現身了，下巴長滿了鬍渣，顯得十分疲憊，他徹夜未眠，一直在忙著為 Think Different 電視廣告剪輯素材。Chiat/Day 的創意總監們透過衛星連線把影片剪輯傳送給他，他再決定是否接受，現在這段蒙太奇終於完成了，賈伯斯坐下來和凱蒂一起觀看廣告。他哭了。『這就是我欣賞他的地方』，凱蒂回憶道，『那不是假裝出來的，他是真的被那傻廣告感動了』。」[23]

這廣告投射出所有激勵賈伯斯持續追求創新、卓越和成功的因素，因此深深觸動了他。他在那些推動人類進步、改變世界的名人面孔中，看到了他自己。

身為一名新聞工作者，我學到每個人都有自己的故事。我知道不是所有人都能發明某個東西去改變人類的生活、工作、娛樂和學習方式，但其實大多數人都在銷售某種產品或參與某項計畫，多少都為顧客生活帶來一些益處。無論你從事的是農業、汽車、科技、金融或任何行業，都有個精彩的故事值得分享。請深入探索，找出自己的熱情所在，一旦找到了，將那份熱情傳遞給你的聽眾。**人們渴望被感動和啟發，也都希望相信某些事物，讓他們相信你吧。**

賈伯斯曾說：「我喜歡傳奇冰球球星韋恩·格雷茨基（Wayne Gretzky）的一句名言：『我滑向冰球將要到達的地方，而不是它過去到過之處。』蘋果也一直秉持這樣的精神，從創立之初就這麼做，未來也將如此。」[24]

導演筆記 DIRECTOR'S NOTES

>> 深入探索，找出你真正熱中之事，問自己：「我的賣點到底是什麼？」提醒一下：你要賣的不是產品本身，而是產品如何改善顧客的生活，你販售的是追求美好生活的夢想。一旦找到自己真正的熱情，就熱切地與他人分享吧。

>> 設計個人的「熱情宣言」，用一句話讓客戶感受到你對合作的熱忱與真心。即使公司的使命宣言早被人淡忘，但你表達出的熱情將令人難忘。

>> 如果你希望自己的談話能振奮人心，但目前從事的工作並非你熱愛之事，就要考慮做一些改變。採訪過無數位成功領導人之後，我可以告訴你，從事討厭的工作雖然或許還是能讓你賺到錢，但你永遠無法有振奮人心的演說。讓世界變得更美好那種熱切的使命感，才是成敗的關鍵。

第4景 ≫
創造推特式的標題

今天，蘋果重新定義了手機！

——賈伯斯，2007 年 Macworld

「歡迎來到 2008 年 Macworld，今天的氣氛顯然有些不同。」[1] 賈伯斯以這句開場白巧妙暗示了他主題演講的重磅消息：推出一款超薄筆記型電腦。正如一些觀察家形容的，沒有任何隨身電腦能與這款僅 1.36 公斤重、薄至 0.4 公分的「夢幻筆電」相媲美。賈伯斯很清楚大家會絞盡腦汁來形容這台筆記型電腦，因此他直接替大家下了定論：「MacBook Air，全球最輕薄的筆記型電腦」。

MacBook Air 是蘋果推出的超薄筆記型電腦，最貼切的形容就是，全球最輕薄的筆記型電腦。當時在 Google 上搜尋「world's thinnest notebook」（全球最輕薄的筆記型電腦），結果顯示約三萬筆相關資訊，其中絕大多數是在產品發布後寫的。賈伯斯透過一行簡短的描述或標語來概括新產品的核心特色，讓外界無需猜測。

這些標語通常精準有效，媒體常常會直接引用原文。事實上，記者（和

你的觀眾）都希望能找到定義產品類別的方式，以及一句話的形容。不如主動出擊，自己寫下這句標語吧。

少於 140 個字元

　　賈伯斯創造的標語具體明確、容易記憶，最棒的是，可以輕鬆放進一則推文中。

　　推特徹底改變了商業溝通的方式，迫使人們用簡潔的語言表達訊息，每則貼文的長度限制為 140 個字元，包括字母、空格和標點符號在內。例如，賈伯斯對 MacBook Air 的描述只有 30 個英文字元（包括空格和句點）：The world's thinnest notebook.（全球最輕薄的筆記型電腦。）

　　賈伯斯幾乎為每一款產品都設計了一句話的簡短描述，而且都是早在簡報、新聞稿和行銷素材之前的規畫階段就精心設計好了。最重要的是，這些標語都保持一致。2008 年 1 月 15 日，也就是 MacBook Air 發布的那天，這句標語反覆出現在每個傳播管道中，包括簡報、網站、訪談、廣告、看板和海報。

　　在下一頁表 4.1 中，你會看到蘋果和賈伯斯如何用一致的語言傳達 MacBook Air 的核心願景。

　　大多數講者都無法用一句話概述自己的公司、產品或服務，因此在早期規畫階段如果沒有準備好宣傳標語，要傳遞一致的訊息幾乎是不可能的。要表現出產品或服務最令人驚豔的特點，整場簡報的內容就應該以此標語為中心展開，就像表 4.1 中賈伯斯做到的。

表 4.1 賈伯斯針對 Macbook Air 一致的標語

標語	來源
什麼是 MacBook Air？簡而言之，就是全球最輕薄的筆記型電腦。[2]	主題演講
全球最輕薄的筆記型電腦。[3]	賈伯斯投影片上的文字
這是 MacBook Air，全球最輕薄的筆記型電腦。[4]	主題演講結束後，在 CNBC 的採訪中介紹新款的筆記型電腦 MacBook Air
我們決定打造全球最輕薄的筆記型電腦。[5]	同一場 CNBC 採訪中，第二次提到 MacBook Air
MacBook Air，全球最輕薄的筆記型電腦。	蘋果官網首頁上全螢幕新產品照片搭配的標語
蘋果推出 MacBook Air，全球最輕薄的筆記型電腦。[6]	蘋果公關新聞稿
我們打造了全球最輕薄的筆記型電腦。[7]	賈伯斯在蘋果新聞稿中的引述

▶▶ 精心策畫行銷攻勢

賈伯斯在台上宣布宣傳標語的那一刻，蘋果的公關和行銷團隊隨即總動員。海報掛在 Macworld 展覽會內、廣告牌豎立在城市中、蘋果網站的首頁展示新產品和標語，報紙、雜誌、電視和廣播上的廣告也都強調這個標語。不論是「把 1,000 首歌裝進口袋」還是「全球最輕薄的筆記型電腦」，這些標語在蘋果的所有行銷通路上都保持一致，反覆宣傳。

蘋果重新定義了手機

2007年1月9日，《電腦世界》（*PC World*）雜誌刊登了一篇文章，宣布蘋果將「重新定義手機」，推出一款結合手機、iPod、和網際網路應用裝置三種功能的全新產品，就是iPhone。iPhone果然徹底顛覆了整個產業，被《時代》雜誌評選為年度最佳發明（2008年底上市才短短兩年，iPhone就已經取得智慧型手機市場13%的市占率）。值得一提的是，這個標題並非出自《電腦世界》編輯的手筆，而是來自蘋果公司的新聞稿，賈伯斯也在Macworld的主題演講中一再重申這個標語。蘋果的標語具體明確，令人印象深刻，而且一以貫之：「蘋果重新定義了手機」。

在iPhone發表會的主題演講中，賈伯斯總共五次提到「重新定義手機」這句話。在向觀眾詳細介紹這款手機的功能後，他再次強調：「我相信，等你們有機會拿到手機之後，就會認同我們確實重新定義了手機。」[8]

賈伯斯沒有讓媒體自行下標，而是親自寫下標語，並在簡報中反覆提及。他在詳細介紹產品之前便先宣布標語，接著再透過示範來說明產品細節，而在結束解說時再次重申標語。

例如，賈伯斯首次介紹音樂創作軟體GarageBand時這麼說：「今天我們要推出一個很酷的產品：iLife家族系列的第五款應用程式，名叫GarageBand。什麼是GarageBand呢？這是一個全新的專業音樂工具，但適合所有人使用。」[9]此時賈伯斯的投影片與標語相呼應，畫面顯示的文字正是：「GarageBand，全新的專業級音樂工具。」隨後，賈伯斯用比較長的一句話來描述產品：「它能將你的Mac變成專業級的樂器和完整的錄音室。」這是賈伯斯介紹產品典型的作法，他首先揭示標語，再進行詳述，也會不斷重申這個標語。

網路的無限魅力，麥金塔的極致簡約

原版的 iMac（「i」代表網際網路）使上網變得比以往更簡單了，用戶只需要兩步驟就可輕鬆上網，正如影星傑夫・高布倫（Jeff Goldblum）在一個熱門廣告中宣稱的：「沒有第三步了。」這個產品的推出在 1998 年激發了電腦產業的創新，成為十年來最具影響力的電腦發表之一。根據 Macworld.com 的報導，iMac 的推出挽救了於 1997 年重返蘋果的賈伯斯，以及當時被媒體宣告幾乎快要垮台的蘋果公司。iMac 沒有配備軟碟機，這在當時是一項大膽的舉措，也引起了不少質疑，賈伯斯必須為這款顛覆傳統的產品營造出興奮感。

賈伯斯在介紹這款電腦時說道：「iMac 將網路的無限魅力與麥金塔的極致簡約結合在一起。」他身後的螢幕上只簡單地顯示著一句標語：「iMac，網路的無限魅力、麥金塔的極致簡約」，接著說明這款電腦鎖定的目標，是那些想要「簡單又快速」連結上網的消費者和學生。[10]

賈伯斯創造的標語之所以有效，正是因為他都是從使用者的角度思考，回答「跟我有什麼關係？」這個關鍵問題（參見第 2 景）。為什麼你應該在意 iMac？因為它可以讓你體驗到「網路的無限魅力與麥金塔的極致簡約」。

把 1,000 首歌裝進口袋

蘋果公司還創造了一個史上最經典的產品標語。根據作家利安德・卡尼的說法，最初 iPod 的描述是由賈伯斯親自敲定的，在 2001 年 10 月 23 日的發表會上，賈伯斯原本可以說：「今天我們要推出一款攜帶超方便、新的 MP3 播放器，重量只有 184 克，配備 5GB 容量，還有蘋果獨有的簡便操

作。」當然，賈伯斯並沒有這麼說，只是簡單地說：「iPod，把 1,000 首歌裝進口袋」。[11] 絕對沒有人能用更簡潔的語言來描述了，口袋裡能裝進一千首歌，還能多說什麼呢？一句話切中要點，也回答了「跟我有什麼關係」這個關鍵問題。

當天報導這場發表會的許多記者都將這段描述用在新聞標題中。美聯社記者馬修・福達爾（Matthew Fordahl）報導的標題就寫道：「蘋果全新的 iPod 播放器可以『把 1,000 首歌裝進口袋』」。[12]

蘋果的標語之所以令人難忘，是因為它符合三個標準：**簡潔**（僅 27 個英文字元〔1,000 Songs in Your Pocket.〕）、**具體**（一千首歌）、且提供了**個人益處**（可以將歌曲隨身攜帶）。

以下列出其他符合這三個標準的蘋果標語範例，雖然有些稍長，但還是可以放進一則推特貼文中：

- iTunes 新升級：歌曲全面告別數位版權約束！（DRM-free）──iTunes 音樂商店改版，2009 年 1 月
- 業界最環保的筆記型電腦。──MacBook 新系列，2008 年 10 月
- 全球最受歡迎音樂播放器，再次全面升級。──推出了第四代的 iPod nano，2008 年 9 月
- iPhone 3G，價格減半、效能雙倍。──推出 iPhone 3G，2008 年 7 月
- 讓 Mac 用戶更忠誠，讓 PC 用戶也心動。──推出 iLife '08，2007 年 7 月
- 蘋果重新定義了手機。──推出 iPhone，2007 年 1 月
- 專業桌機的性能與視覺體驗，融入全球頂尖的筆記型電腦設計。──推出 17 吋 MacBook Pro，2006 年 4 月

- Mac 電腦最快速的瀏覽器，史上公認最佳之作。──推出 Safari，2003 年 1 月

▶▶ 改變世界的標語

當「Google 小子」謝爾蓋・布林（Sergey Brin）和賴利・佩吉（Larry Page）走進紅杉資本公司（Sequoia Capital）為他們新開發的搜尋引擎技術尋求資金時，他們僅用一句話形容自己的公司：「Google 一鍵連結全球資訊。」一位很早就投資 Google 的人告訴我，憑著這一句話，投資人立刻就理解 Google 技術的潛力。從那天起，走進紅杉資本公司的企業家都被要求提供「一句話」，來精簡描述自己產品。還有一位投資人說：「如果你無法在一句話以內描述自己的事業，我絕對不會出資、不會購買、也不感興趣，就這麼簡單。」以下是一些對世界影響深遠的標語範例：

- 思科改變了我們的生活、工作、娛樂和學習方式。──思科系統執行長約翰・錢伯斯，在訪談和簡報中不斷重複這句話。
- 星巴克創造了一個介於工作和家庭之間的第三空間。──星巴克執行長霍華・舒茲，向早期投資人描述他的想法。
- 我們希望每張辦公桌、每個家庭裡都有一台個人電腦。──微軟共同創辦人比爾・蓋茲，向史蒂夫・鮑爾默表達他的願景，鮑爾默在加入公司不久後曾對自己的決定心存疑慮。鮑爾默在任職微軟執行長時表示，是蓋茲的願景讓他堅持下來，鮑爾默目前的個人身價達 1510 億美元（編按：2024 年 12 月的數據），他很慶幸自己當初做了那個選擇。

Keynote 力壓 PowerPoint 的標題大戰

相較於蘋果的 Keynote 簡報軟體，微軟的 PowerPoint 有個很大的優勢，就是它的普及度。微軟占據 90% 的電腦市場，而在 10% 的麥金塔電腦用戶中，許多人仍然在用專為麥金塔設計的 PowerPoint 軟體。雖然沒有 PowerPoint 或 Keynote 進行簡報的實際數據，但可以肯定的是，Keynote 的簡報數量與 PowerPoint 相比實在微不足道。雖然大多數熟悉這兩種軟體的簡報設計師偏愛採用更優雅的 Keynote 系統，但他們也會告訴你，大部分送到客戶上手的專案還是利用 PowerPoint 完成的。

我在第 1 景中提到過，本書對任何簡報軟體沒有特定立場，因為所有技巧同樣適用於 PowerPoint 或 Keynote。話雖如此，Keynote 還是賈伯斯偏好的應用程式，而他為介紹這款應用程式創造的推特式標題，無疑是引人注目的焦點。賈伯斯在 2003 年 Macworld 大會上告訴觀眾：「這是我們今天要發表的另一款全新應用程式，名叫 Keynote。」接著表示：

> Keynote 是專門為重大簡報而設計的一款應用程式【螢幕顯示：「關鍵簡報時刻」】。這原本是為我個人打造的【螢幕顯示：「為我量身打造」】，我需要一款應用程式，能製作出像我在 Macworld 發表會上所展示的極具視覺效果簡報。團隊為我打造了 Keynote，現在我想分享給大家。我們聘請一位低時薪的測試人員，讓他為這款應用程式測試了一整年，這就是他【螢幕顯示賈伯斯的照片，觀眾哄堂大笑】。與其播放一堆關於投影片的投影片，不如讓我親自展示一下吧【走到舞台右側，開始示範新軟體】。[13]

我們再次看到，蘋果在發布新產品時，所有行銷媒介展現出高度一致性。蘋果新聞稿將 Keynote 描述為「關鍵簡報時刻的最佳選擇」。[14] 這句標語完全可以放進推特貼文中，而且在不透露細節的情況下，一句話就講完所有訊息。想要深入了解的客戶可以去看新聞稿、觀看賈伯斯的示範，或是查看蘋果官網的線上解說。這個標語本身已經傳遞了充足的資訊，我們知道這是一款專為簡報設計的新應用程式，適用於那些攸關職業成敗的關鍵時刻。額外的驚喜是，這是為賈伯斯量身打造的，對於許多經常需要做簡報的人來說，這句標語足以引起興趣，促使他們試用這款軟體。

新聞系所的學生在學校第一天就開始學習如何下標題。標題是吸引讀者閱讀報章雜誌或部落格文章的關鍵，標題很重要，隨著越來越多人為自己的部落格、簡報、推特貼文和行銷材料編寫文案，學會寫出引人注目且描述清晰的標題，對專業成敗變得更加重要。

導演筆記 DIRECTOR'S NOTES

▶▶ 為自己的公司、產品或服務建立宣傳標語，用簡單的一句話陳述願景。最有效的標語應簡潔、具體，且能提供個人益處。

▶▶ 在你所有的對話和行銷資料中不斷地重複這個宣傳標語，包括簡報、投影片、宣傳冊、廣告文宣、新聞稿、網站等。

▶▶ 切記，你的標語是要向觀眾呈現更美好的未來願景，重要的不是你而是他們。

第5景 》
規畫路線圖

> 今天，我們正式推出三款劃時代的產品。
>
> ——賈伯斯，iPhone 發表會

2007年1月9日，iPhone 首次在全球公開亮相，數千名 Mac 的忠實粉絲共同見證了賈伯斯震撼人心的宣告，他說：「今天，蘋果重新定義了手機。」[1]

然而，在宣布這句標語之前，賈伯斯先營造了一些戲劇性懸念，告訴全場觀眾，蘋果將推出三款劃時代的產品。他首先介紹觸控式的寬螢幕 iPod，贏得一陣掌聲；他接著宣布第二款產品是革命性的手機，現場隨即爆出熱烈喝采；最後，他提到第三款產品是突破性的網路通訊設備。此時，觀眾期待著更詳細的產品介紹，或許還包括一些示範操作，但真正精彩的還在後頭。賈伯斯繼續說道：「所以有三樣東西：觸控式的寬螢幕 iPod、革命性的手機、突破性的網路通訊設備。iPod、手機、網路通訊設備，明白了嗎？這並不是三個獨立的裝置，而是同一個裝置，我們稱之為 iPhone。」全場觀眾沸騰，賈伯斯也沉浸在又一次成功推出產品的喜悅中，進一步確立蘋果在全球創新

領導者的地位。

　　賈伯斯為觀眾口頭規畫了一張路線圖，預示著即將出現的精彩內容。這些路線圖是通常以三個要點來概述，例如，將一場演講分為「三幕」，將產品介紹歸納為「三大特點」，或是將示範操作拆成「三個部分」。賈伯斯對三的偏愛最早可以追溯到1984年1月24日介紹第一代麥金塔時。當時，在位於加州庫柏蒂諾（Cupertino）的弗林特中心（Flint Center），賈伯斯向現場觀眾宣布：「在我們這產業裡，至今只有兩款具里程碑意義的產品：1977年的Apple II和1981年的IBM PC。今天，我們要推出第三款具里程碑意義的產品，也就是麥金塔，它的表現實在是棒透了！」[2]

　　口頭引導就像路線圖，幫助聽眾掌握故事的脈絡。在指導客戶接受媒體訪問時，我總是建議他們先清楚地勾勒出三大要點，最多四個，先建立簡單易懂的架構，然後再補充細節。運用這個技巧時，記者通常會詳細筆記，如果發言人漏掉某一點，記者可能會追問：「你剛才不是說有三大要點嗎？我只聽到了兩點。」包含三大要點的口頭路線圖，能幫助聽眾對你發表的事保持專注。

　　已有許多研究證實，我們的短期記憶能處理的資訊量非常有限。1956年，貝爾實驗室的研究科學家喬治・米勒（George Miller）發表了一篇經典的論文，名為〈神奇的數字：7±2〉（The Magical Number Seven, Plus or Minus Two）。米勒引用研究表明，我們很難在短期記憶中保留超過七到九個數字。當代的科學家認為，我們能輕鬆記住的事項數目更接近三到四，難怪賈伯斯在演講中很少提到超過三到四個關鍵訊息點，甚至在他的簡報中，「三」出現的頻率遠高於「四」，他深知三法則是溝通傳播理論中最有效的技巧之一。

為什麼金髮女孩沒有遇到四隻熊

列點說明能吸引聽眾，但其中應該包含幾個要點才恰當呢？

三是個魔術數字。

喜劇演員知道三比二有趣，作家知道三比四更具戲劇性，賈伯斯也知道三比五更有說服力。每一部偉大的電影、書籍、戲劇或演講，幾乎都遵循三幕結構，比如，是三劍客不是五劍客，金髮女孩遇見的是三隻熊不是四隻，是搞笑三人組而不是兩人組。美式足球聯盟傳奇教練文斯・隆巴迪（Vince Lombardi）曾告訴他的球員，人生最重要的三件事是：家庭、宗教和綠灣包裝工隊（Green Bay Packers）。美國的《獨立宣言》明確指出，人民有「生命、自由和追求幸福」三項權利，而非僅僅是生命和自由。三法則是寫作和幽默中的基本原則，賈伯斯的簡報同樣如此。

美國海軍陸戰隊對此進行了深入研究，得出結論認為三比二或四更有效，部隊編制皆以三為基本單位：一名下士帶領三人小隊，中士指揮三個步兵小組，上尉指揮三個排，依此類推。如果海軍陸戰隊都做過透徹研究了，我們為什麼還要重新來過？直接採用這個原則吧。這麼簡單的三法則，卻鮮少在簡報中被採用，因此只要你善加利用，就能脫穎而出。三法則對海軍陸戰隊有效，對賈伯斯有效，對你也必定有效。

在 2005 年 6 月 6 日的蘋果全球開發者大會上，賈伯斯宣布將從 IBM 的 PowerPC 晶片改成採用英特爾微處理器的決定，他表示：「讓我們來談談轉型吧。」

到目前為止，蘋果電腦已經歷過兩次重大轉型【開始概述三個要點】。第一次是從 68K 過渡到 PowerPC，大約發生在九〇年代中期，

PowerPC 為蘋果未來十年的發展奠定了基礎，那是一個明智的決定。**第二次**的轉型更加龐大，也就是從 OS 9 過渡到 OS X，我們幾年前才完成，有如經歷了一次大腦移植，雖然這兩個作業系統名稱只差一個字，但在技術層面上卻是天壤之別。OS X 是全球最先進的作業系統，為蘋果未來二十年的發展奠定基礎。如今，我們要開始**第三次**轉型了，希望能夠為你們和其他用戶不斷打造最優質的電腦。沒錯，這是真的，我們將開始從 PowerPC 過渡到英特爾處理器【強調】。[3]

以三為單位娓娓道來，能為觀眾指引方向，讓人知道你曾經走過的路和未來要走的路。在前面的摘錄中，賈伯斯設定「轉型」這個主題，賈伯斯解釋蘋果電腦已經歷了兩次轉型，我們可以預期會有第三次轉型。他也在每一點中增添戲劇性，第一次轉型是「一個明智的決定」，第二次是「更大的轉變」，由此推斷，第三次轉型想必更加重要。

用三法則提升高爾夫球技

在撰寫這章節之際，我找當地教練上了一堂高爾夫訓練課。任何高爾夫球選手都會告訴你，這項運動最難的部分在於，完成流暢揮桿必須記住數十個細微動作：姿態、握桿、起桿、平衡、扭轉、重心轉移、送桿等等。當你同時關注太多細節時，就會出現問題。海軍陸戰隊發現，把指令分成三個一組會讓士兵更容易遵循，因此，我請教練只給我三個指示來改善我的揮桿，三個就好。他說：「好，今天你要集中注意三個重點：提臀發力、在揮桿時將身體重心移到右側，還有準確完成送桿動

作。所以,要記住提臀、轉移、送桿。」提臀、轉移、送桿,就這麼簡單。這些指示效果顯著,從那天起,我的高爾夫球技顯著提升。三法則不僅對簡報有效,對高爾夫也同樣有效!

蘋果的三腳凳

在 2008 年 9 月的蘋果全球開發者大會上,賈伯斯展示一張三腳凳的投影片,他說:「各位都知道,蘋果現在有三大支柱,第一根支柱當然是 Mac 電腦,第二根是我們的音樂事業,包括 iPod 和 iTunes,第三根也就是現在的 iPhone。」接著賈伯斯介紹負責談論 Mac 和 iPod 的高層出場,iPhone 則由他親自講解。

當賈伯斯開始討論 iPhone 時,再次為聽眾提供了一個清晰的路線圖,這次有四個要點:「再過幾個星期,iPhone 就滿一歲了,我們在 6 月 29 日發售第一支 iPhone 手機,那是我們有史以來最令人驚豔的一次推出,iPhone 獲得了極大的好評,那是一支改變歷史的手機。但我們還有很多挑戰要克服,才能達到下一個境界。這些挑戰是什麼呢?第一,更快速的 3G 網路;第二,企業支援;第三,第三方應用程式支援;第四,將 iPhone 推廣到更多國家。」

在簡單預告了他將詳細討論的四個要點之後,賈伯斯回到第一點:「所以,隨著 iPhone 迎來第一個生日,我們要把它提升到更高境界,今天將推出 iPhone 3G。」[4] 這是賈伯斯演講中慣用的技巧,他會先概述三到四個要點,然後再回到第一點,逐一地深入解釋每個重點,最後進行總結。這是個簡單的策略,確保觀眾能記住你分享的訊息。

▶ 《今日美國》的方法

記者通常訓練有素，能將複雜的概念簡化為具體的重點或摘要。閱讀美國最受歡迎的報紙《今日美國》，你會發現大多數文章都將主要觀點濃縮成三大要點。

當英特爾推出更快速的 Centrino 2 處理器時，蜜雪兒・凱斯勒（Michelle Kessler）負責報導此事件。凱斯勒概述了三個具體優勢，並解釋了每一項優勢的重要性及其價值所在：

- **電池續航力**：即使是世界上最好的筆記型電腦，如果電池耗盡，也是毫無用處。英特爾的全新晶片採用超低功耗處理器，和多項節能技術。
- **圖像處理效果**：傳統筆記型電腦通常採用低階圖形晶片，而如今已有 26% 的筆電配備強大的獨立圖形晶片，讓用戶能更輕鬆地觀賞影片、玩遊戲和運作圖形密集型程式。
- **無線網路**：英特爾新一代晶片系列內建最新的 802.11n Wi-Fi 技術。今年稍後也計畫推出採用新無線網路標準 WiMax 的晶片，能夠將無線訊號傳輸數英里之遠。[5]

凱斯勒證明了，即使是最複雜的技術或概念，也能用三個簡潔的要點來表達。

艾德・拜格（Ed Baig）也在《今日美國》撰寫文章，評測最新的科技產品。在評估過微軟新作業系統（Windows 7）測試版後，拜格聚焦於三個亮點：

- **操作介面**：工作列上的圖示變得更大，而且可以隨心所欲地排列。
- **安全性**：在每次嘗試載入程式或變更設定時，Windows 7 不會不斷地跳出惱人的安全訊息。
- **相容性**：即使是測試版，Windows 7 也能夠識別我的印表機和數位相機。[6]

拜格、凱斯勒和其他優秀的記者將報導內容分成更容易理解的小段落。賈伯斯也是如此，他的演講內容就像《今日美國》記者撰寫產品評論一樣：標題、簡介、三大要點、結語。

賈伯斯與鮑爾默對「三」的熱愛

2009 年 1 月，微軟執行長史蒂夫・鮑爾默在拉斯維加斯為消費電子展（CES）開幕，這是他首次在該會議上發表主題演講，接替已經投身於慈善事業的比爾・蓋茲。過去十五年來，微軟為 CES 的開幕演講已經成為傳統，而蓋茲幾乎每年都擔任主題講者。身為主講者的鮑爾默，風格與蓋茲截然不同，他散發著熱情、活力和興奮感，用簡單易懂的語言，沒有艱澀的專業術語和技術性行話。鮑爾默也明白三法則的重要性，為聽眾提供了清晰的口頭路線圖。

三的組合不斷出現，以下是他在主題演講中的一些例子：

- 我想和各位談一談目前的經濟現況、產業發展，以及微軟正在進行的各項工作。

- 我在思考機會時，腦海中浮現的是三個關鍵領域。首先是人們每天使用的電腦、手機和電視三個螢幕的整合……第二，如何做到更自然地與電腦和其他設備互動……第三個機會就是我所謂的「連線體驗」的領域。
- 回顧過去，Windows 和個人電腦的成功有三個關鍵因素。第一，個人電腦能夠支援最佳的應用程式，並使之相互協作。第二，個人電腦提供了更多的硬體選擇。第三，Windows 的使用體驗幫助我們更有效地合作。
- 我們正在按計畫進行，準備推出有史以來最好的 Windows 版本，融入所有重要的元素，包括簡單、穩定和快速。[7]

在這次的主題演講中，鮑爾默至少用了五次三的組合，使他的主講比蓋茲的任何主題演講更容易理解。儘管蘋果和微軟之間的競爭非常激烈，但鮑爾默和賈伯斯都明白，將複雜的技術用簡單易懂的語言解釋清楚，是激發現有和潛在客戶興奮之情的第一步。

三法則如何幫助杜邦公司因應經濟危機

管理顧問大師瑞姆・夏藍（Ram Charan）在著作《逆轉力：經濟不確定年代的新領導法則》（*Leadership in the Era of Economic Uncertainty*），討論到全球巨頭杜邦公司（DuPont）如何積極因應 2008 年的經濟危機。當時，杜邦的執行長查德・賀利得（Chad Holliday）與公司高層領導和經濟學家會面，制定一套危機因應計畫，

並在十天內執行。杜邦公司當時有六萬名員工，每位員工都會與主管經理一對一會談，經理會用簡單易懂的語言解釋公司必須達成的目標。然後要求員工們提出三件能立即節省資金和降低成本的事情。公司認為，如果員工不知所措，可能就不會採取任何行動，而「三」個目標既可行又有意義，足以激勵員工付諸行動。

以路線圖規畫議程

賈伯斯在 2008 年 Macworld 大會的開場中，用口頭方式列出議程（賈伯斯的簡報從來沒有議程投影片，只有口述路線），他說：「今天我有四件事想和大家談談，讓我們開始吧。」

第一是 Leopard 作業系統，我很高興向大家報告，我們在短短九十天之內已經賣出了超過五百萬套 Leopard，真是不可思議！這是 Mac OS X 有史以來最成功的版本⋯⋯第二是關於 iPhone。iPhone 上市至今正好滿兩百天，我很高興向大家報告，到目前為止，我們的 iPhone 總銷量已達四百萬支⋯⋯好，第三，也是件很棒的消息，是關於 iTunes。我非常高興報告，上週我們售出了第四十億首歌曲，是不是很棒？聖誕節當天我們創下新紀錄，一天售出兩千萬首歌，是不是很驚人呢？這是我們單日的新紀錄⋯⋯那麼，接下來談談第四，現場有股不尋常的氣氛，是什麼呢？如你所知，蘋果製造了業界最好的筆記型電腦：MacBook 和 MacBook Pro，今天，我們將推出第三款，叫做 MacBook Air⋯⋯[8]

每次當賈伯斯宣布一個數字時，他的投影片上只會顯示一個圖像，就是那個數字本身（1、2、3、4）。我們會在第 8 景更深入探討賈伯斯投影片簡潔的設計，但目前請記住，你的投影片應該與敘事內容相呼應，不需要過於複雜。

賈伯斯不僅會將簡報內容分組，還會列出三到四點來描述功能特色，「iPod 有三大突破。」他在 2005 年時說道：「**第一**，攜帶非常方便。」（5GB 容量，可以放 1,000 首歌在口袋裡）「**第二**，內建 Firewire 高速傳送介面。」（賈伯斯解釋 Firewire 如何讓整張 CD 在五到十秒內下載完畢，而透過 USB 連接則需要五到十分鐘）「**第三**，卓越的電池續航力。」[9] 他接著描述 iPod 如何提供十小時的電池續航力，十小時不間斷的音樂播放。

這一章很容易成為本書中篇幅最長的一章，因為賈伯斯的每一場簡報中都包含了口述路線，而三法則總是在其中扮演著重要角色。即使在不使用投影片的傳統演講當中，賈伯斯也多半是以「三」的結構來表達。例如，在賈伯斯著名的史丹佛畢業典禮演講，他在開場的時候說到：「今天，我想跟大家分享三段我人生中的故事。」[10] 接下來他的演說就在這個架構下進行，講述三個他的人生故事，解釋這些故事教會他的事，並將這些故事轉化為給畢業生的人生啟發。

世界頂尖演講撰稿人的祕訣

甘迺迪的演講撰稿人泰德・索倫森（Ted Sorensen）認為，演講內容應該是寫給耳朵聽而不是眼睛看的，他的演講稿通常會以編號方式列出目標和成就，讓聽眾更容易理解，甘迺迪於 1961 年 5 月 25 日在國

會聯席會議上發表的演講，正是索倫森技巧的完美範例。在呼籲全力投入太空探索時，甘迺迪說：

> 首先，我相信美國應該承諾在十年內，實現將人類送上月球並安全返回地球的目標。在這段期間，沒有任何一個太空計畫能比這個目標更能帶給人類震撼，或比長期的太空探索更為重要……其次，追加兩千三百萬美元預算，加上現有的七百萬美元，將加速研發漫遊者（Rover）核動力火箭……第三，再追加五千萬美元，可加速太空衛星在全球通訊的應用，將充分鞏固我們目前的領導地位。第四，追加七千五百萬美元，將幫助我們盡早建立全球氣象觀測的衛星系統。容我明確表達，我請求國會和國人承諾對新路線堅定的支持，這條路將持續多年，也必會承擔重大成本……若我們打算半途而廢，或遇到困難就降低標準，依我看，還不如完全不做。[11]

歐巴馬深受甘迺迪演說的啟發，他採用索倫森的規則使自己的演講更具影響力。以下是歐巴馬演講中遵循三法則的一些例子，首先是2004年讓他一舉成名的民主黨全國代表大會的主題演說：

> 我相信我們可以為中產階級提供紓困救濟，並為工薪家庭提供通往機會的道路……我相信我們可以為失業者提供工作、給無家可歸的人住所，並將全美各大城市的年輕人從暴力和絕望中拯救出來……我相信我們有正義的力量在背後支持，讓我們站在歷史的十字路口時能做出正確的選擇，迎接眼前的挑戰。[12]

在這段摘文中，歐巴馬不僅將演講分為三段落，而且每段傳達三個

要點。

　　2009 年 1 月 20 日星期二，歐巴馬宣誓就職，成為美國第四十四任總統，並向聚集現場的兩百萬人及全球電視機前的數百萬觀眾，發表了一場歷史性的演講。在這次演講中，歐巴馬頻繁使用三的原則。

- 我今天站在這裡，心懷謙卑面對眼前的重任，感激你們賦予的信任，銘記我們祖先付出的犧牲。
- 家園被毀，失去工作，企業倒閉。
- 我們的醫療保健費用過於昂貴，學校教育成效不彰，而每天都有更多證據顯示，我們的能源使用方式正在助長對手的力量、也對地球造成危害。
- 今天，我要告訴大家，我們面臨的挑戰是真實、嚴峻且問題叢生。
- 自這場危機開始以來，我們的勞工並未減少生產力，我們的思維依然充滿創造力，我們的產品和服務需求依然如同上個月或去年一樣熱烈。[13]

運用三法則

　　我們前面已經學到，商業領袖經常透過將訊息組織成三到四個關鍵要點，來準備重要的電視訪談或主題演講。我知道這點，因為我就是訓練他們這麼做的！

　　若要我以本書為主題接受採訪，我會如此應用第 4 景和第 5 景的建議：首先，我會設計一個簡潔有力的標題，「打造賈伯斯風格的簡報」；接著，

我會寫下三個關鍵概念：(1)創造故事、(2)打造體驗、和(3)包裝內容。在每個概念下，我會加入故事、範例和事實等修飾材料來強化敘事。以下是模擬這場簡短訪談的示範：

記者：卡曼，向我們介紹一下這本書的內容吧。
卡曼：《跟賈伯斯學簡報》首次揭示如何仿效賈伯斯發表簡報。這位蘋果執行長被公認是當今世上最具魅力的演講者之一，這本書將帶你了解他推銷個人想法的具體步驟。最棒的是，任何人都可以學習這些技巧，提升自己下一場的簡報表現。
記者：好的，我們該從哪裡開始呢？
卡曼：如果遵循以下這三個步驟，你也能打造賈伯斯風格的簡報【在對話中重複標題至少兩次】：第一步創造故事、第二步打造體驗、第三步包裝內容。我們先來談談第一步，如何創造故事⋯⋯

可以從這個範例中看到，將訊息劃分為三個部分，可以為或長或短的訪談或整個簡報建立大綱。

聽眾的大腦正在超負荷運作，他們正在消化文字、影像和感官體驗，更別提他們自己內心的對話了。讓他們能輕鬆跟上你的敘事吧。

▶▶ 吉米・維瓦諾著名的演說

1993年3月4日，大學籃球教練吉米・維瓦諾（Jimmy Valvano）發表在近期體育史上最感人的演講之一。維瓦諾在1983年曾帶領北卡

羅來納州立大學贏得 NCAA 籃球錦標賽。十年後，罹患癌症的他獲頒亞瑟‧艾許勇氣與人道主義獎（Arthur Ashe Courage & Humanitarian Award）並上台致詞。他運用三法則，使演說中出現了兩個最感人的瞬間（加粗體強調）：

> 在我看來，有三件事是每個人每天都應該做的，有生之年的每一天都該如此。**第一**是笑，人應該每天笑。**第二**是思考，應該花點時間思考。**第三**，是應該讓自己為幸福或喜悅感動流淚。想想看，如果你笑了、思考了、還流淚了，那就代表度過充實的一天……癌症可以奪走我所有的身體能力，但永遠無法動搖我的意志、觸及我的心靈、或摧毀我的靈魂，而這三者將永遠存在。我感謝你們，願上帝保佑大家。[14]

導演筆記 DIRECTOR'S NOTES

▶▶ 列出所有你希望觀眾了解的關於產品、服務、公司或計畫的關鍵資訊。

▶▶ 分類這些資訊，直到只剩下三個主要訊息點，這三點將構成你的推銷或簡報的口頭路線圖。

▶▶ 在每一點主要訊息中，加入修辭技巧來強化敘事，例如：個人故事、事實、範例、類比、隱喻、第三方背書。

第6景 》

設定反派角色

> 「藍色巨人」（IBM）將會全面掌控電腦產業嗎？喬治・歐威爾的預言會不會成真？
>
> ——賈伯斯

每一個經典故事都有英雄對抗反派的情節，這種敘事結構也適用於世界級的主題演講，賈伯斯為了營造有說服力的故事，會向觀眾介紹反派角色、一個對手或需要解決的難題。1984年，這個對手就是「藍色巨人」IBM。

蘋果推出史上最具影響力的電視廣告之一，正是在這支廣告中，我們開始見識到賈伯斯會運用「英雄－反派」的情節來傳遞資訊。這支1984年的電視廣告讓麥金塔電腦首次於全球亮相，只在當年1月22日的美式足球超級盃中播出過一次。那年洛杉磯突擊者隊（Los Angeles Raiders）壓倒性擊敗華盛頓紅人隊（Washington Redskins），然而許多人只記得這支廣告，而非比賽結果。

這支廣告是由電影《異形》的導演雷利・史考特（Ridley Scott）執導。畫面一開始是一群有如喪屍的光頭群眾盯著大螢幕，聆聽他們的領袖「老大哥」講話（編按：老大哥（Big Brother）是小說《1984》中極權政府的象徵人物），

此時一名身穿八〇年代性感運動服的金髮健美女郎，手持一把大鐵鎚向前飛奔，身後是一群全副武裝的特工在追趕，女郎奮力將鐵鎚擲向大螢幕，引發刺眼的爆炸光芒，讓那些光頭群眾目瞪口呆。廣告以嚴肅低沉的旁白結尾：「1月24日，蘋果電腦將推出麥金塔，你將明白為什麼1984年絕對不同於小說《1984》。」[1]（編按：小說《1984》是喬治・歐威爾（George Orwell）的反烏托邦小說，內容講述在極權政府的壓迫和監視下，人民失去了自由和思想。）

蘋果的董事會成員一致反對這支廣告，對是否播出持保留態度，只有賈伯斯堅定支持，因為他深知英雄與反派對立的經典故事架構帶來的情緒感染力，每個主角都需要一個敵人。這支具歷史意義的「1984」電視廣告中，IBM正是代表那個反派。當時，IBM是主機電腦製造商龍頭，決定開發一款與全球首款大眾化家用電腦Apple II競爭的產品。賈伯斯在1983年的一場主題演講中，向蘋果的行銷團隊精英提前揭示這支六十秒的電視廣告。

「現在是1984年了，」賈伯斯說：「IBM顯然想要壟斷一切。蘋果是唯一能與IBM抗衡的希望……IBM想要全盤掌控，而且把目標瞄準了掌控整個產業的最後障礙：蘋果公司。藍色巨人將會全面掌控電腦產業、主宰整個資訊時代嗎？喬治・歐威爾的預言會不會成真？」[2]

介紹完畢後，賈伯斯退到一旁，讓現場的行銷團隊成為首批觀看這支廣告的觀眾，全場隨即爆發出如雷的掌聲。接下來的六十秒，賈伯斯依然站在台上，享受著眾人的喝采，臉上掛著燦爛的笑容，他的姿態、肢體語言和表情都在宣告：我搞定了！

問題＋解決方案＝賈伯斯風格

引入反派（問題）能號召觀眾支持英雄（解決方案），賈伯斯在他最精

彩的簡報中，往往運用了這種經典的敘事手法。例如，在 2007 年 Macworld 的 iPhone 發布會那場具代表性的演講中，進行到三十分鐘時，賈伯斯花了三分鐘解釋為何 iPhone 是一款時代所需的產品，反派角色是當時市面上所有的智慧型手機，而賈伯斯指出，這些手機其實並不夠「智慧」。表 6.1 左欄列出賈伯斯的口說內容，右欄則是投影片上同步顯示的文字或圖片，[3] 請注意投影片如何與簡報內容相輔相成。

表 6.1 賈伯斯在 iPhone 發表會的主題演講

賈伯斯的口說內容	投影片同步顯示的內容
「據說，最先進的手機被稱為『智慧型手機』。」	智慧型手機
「這類產品通常是結合手機、電子郵件和簡單的網路功能。」	智慧型手機 手機＋電子郵件＋網際網路
「問題是，這些手機既不夠智慧也不容易操作，真的相當複雜。我們希望打造一款突破性的產品，比任何現有的行動裝置都更聰明。」	智慧型手機 不夠智慧、也不容易操作
「因此，我們打算重新改造手機，從全新突破的使用者介面開始。」	全新突破的使用者介面（UI）
「這是經過多年研究與開發的成果。」	全新突破的使用者介面 多年研究與開發
「為什麼我們需要一個全新突破的使用者介面？這裡有四款智慧型手機：Motorola Q、BlackBerry、Palm Treo 和 Nokia E62，這些都是熟悉的品牌。」	四款現有智慧型手機的圖片： Motorola Q、BlackBerry、Palm Treo、Nokia E62

這些手機的使用者介面有什麼問題呢？問題就出在手機底部占40%的地方，就是這些東西【指著手機鍵盤】。無論你需不需要，這些按鍵都在那裡，所有控制鍵的設置都是固定的，對任何應用程式都一樣。然而，每個應用程式都希望有個不同的使用者介面、一組針對其需求設計的按鍵配置。萬一你在六個月後想到一個很棒的點子，已經生產出貨了，你無法在這些裝置上新增按鍵，那該怎麼辦呢？」	每張手機圖片的上半部淡出，只保留下半部的鍵盤部份
「我們的計畫是去掉所有按鍵，改成一個超大螢幕。」	iPhone 圖片
「那要怎麼操作呢？我們也不想隨身帶著滑鼠，怎麼辦？用觸控筆，對吧？我們來用用看。」	iPhone 橫置的圖片；觸控筆圖像漸顯
「才不要呢！【笑】誰會想用觸控筆？要用時得拿出來，用完又得收起來，還很容易弄丟，麻煩死了！根本沒人想用觸控筆。」	圖片旁出現文字：誰會想用觸控筆？
「那就不用觸控筆吧，改用世界上最厲害的指向裝置——我們天生就有十個——那就是手指頭。」	觸控筆逐漸消失，畫面顯示食指圖片
「我們開發了一項全新技術，叫做『多點觸控』，表現令人驚豔。」	食指逐漸消失，文字顯現：多點觸控
「這技術簡直像魔法！完全不需要觸控筆，比市面上的任何觸控螢幕都更加精準，還能自動忽略無心的觸碰，超級聰明，也支援多指手勢操作。對了，我們早就獲得專利了！」【全場大笑】	文字顯示於右上角： 像魔法一樣運作 不需要觸控筆 更加精準 自動忽略無心的觸碰 多指手勢操作 獲得專利

　　注意到賈伯斯如何自問自答來推動故事發展。他在提出問題之前先問道：「為什麼我們需要一個全新突破的使用者介面？」他甚至對自己的解決方案提出質疑。在介紹用觸控螢幕取代鍵盤的構想時，他語帶玄機地反問：

「那要怎麼操作呢？」隨即給出了答案：「改用世界上最厲害的指向裝置，也就是我們天生就有的手指頭。」

沒有人真的在意你的產品，也不會在乎蘋果、微軟或其他公司的產品，人們真正關心的是如何解決問題，讓自己的生活變得更好。表 6.1 中智慧型手機的例子，賈伯斯先描述用戶感受到的痛苦，指出痛苦的根源（通常是競爭對手造成的），隨後在第 7 景中，我們將會學到他如何提供解決方案。

在 CNBC 闡述蘋果的立場

「為什麼蘋果會想要跳進這個市場玩家眾多、競爭激烈的手機市場呢？」這是 CNBC 記者吉姆·戈德曼在 iPhone 剛發布後對賈伯斯提出的問題，他是少數能採訪到賈伯斯的人。賈伯斯沒有直接回答，而是提出一個需要解決的問題：「我們試用過市面上所有的手機，實在令人沮喪啊。這是一個亟需革新的領域，手機應該要功能更強大、更容易使用，我們認為蘋果能做出一些貢獻，不在意其他公司也在做手機。2006 年全球賣出了十億支手機，如果我們能拿下百分之一的市場，那就是一千萬支。我們已重新定義了手機，徹底改變了人們對隨身設備的期望。」

「這向你的競爭對手傳遞了什麼樣的訊息？」戈德曼問道。

「蘋果是一家產品公司，我們熱愛優秀的產品，為了說明我們的產品定位，必須與市面上現有的和人們慣用的產品相互比較。」賈伯斯表示。[4] 這句話透露出賈伯斯如何創造出有說服力的故事。對新產品或服務的解釋需要有背景，也必須連結到用戶生活中引發「痛苦」的問題，一旦痛點現形，聽眾將更容易接受能夠解決這些痛苦的產品或服務。

蘋果教

在《買我！從大腦科學看花錢購物的真相與假象》（*Buyology*）一書中，行銷大師馬丁・林斯壯（Martin Lindstrom）指出，蘋果的訊息足以媲美推廣宗教信仰的強大理念，兩者都訴諸共同的願景和特定的敵人。

「大多數宗教都有清晰的願景，」林斯壯寫道：「我的意思是，有明確的使命，無論是為了達到某種恩典狀態，還是實現某個精神目標。當然，大多數企業也有明確的使命。史蒂夫・賈伯斯的願景可以追溯到一九八〇年代中期，他曾經說過，『人類是這個世界變革的創造者，因此應該超越系統和結構，而不是受其支配。』經過二十年和數百萬台 iPod 之後，這家公司仍在追隨這個願景。」[5]

根據林斯壯的說法，他投入多年心力研究持久品牌的共同特徵，宗教和蘋果這類的品牌還有另一個共同特質：征服共同敵人的理念，「有個明確的敵人不僅能讓我們有機會表達和展示我們的信仰，還能與其他信徒團結一致⋯⋯這種『我們對抗他們』的策略能夠吸引支持者、激起爭議、創造忠誠、促使我們思考（和論辯），當然，還會促使我們購買。」[6]

我會被吃掉嗎？

趁早確立反派角色對於說服力十分重要，因為人的大腦需要一個容器（或分類），來容納新觀念，也就是說：大腦需要先掌握意義才會關注細節。根據科學家約翰・麥迪納（John Medina）的說法，人的大腦是為了看清大局而演化的，原始人看到劍齒虎時，他會問的問題是「我會被吃掉嗎？」而不是「牠有幾顆牙齒？」

反派角色為觀眾勾勒出整體情況。麥迪納在他的著作《大腦當家》（*Brain Rules*）中寫道：「不要一開始就談細節，先從關鍵概念開始，再有層次地圍繞這些大觀念來建構細節。」[7] 在簡報中，應該先從大局開始（提出問題），然後再補充細節（解決方案）。

　　蘋果在 2003 年 Macworld 大會上推出了 Safari 網頁瀏覽器，稱它是 Mac 電腦上最快的瀏覽器，Safari 將與其他瀏覽器一同競爭，也要面對微軟這個強大的對手 Internet Explorer。賈伯斯發揮他的說服力，透過一個簡單的反問來設置問題，引入反派角色：「為什麼蘋果需要自己的瀏覽器？」[8] 在展示新功能（填補細節）之前，他需要先清楚解釋這個產品存在的理由和重要性。

　　賈伯斯告訴觀眾，像 Internet Explorer、Netscape 等競爭者在速度和創新這兩方面有所欠缺。在速度方面，賈伯斯表示，Safari 在 Mac 電腦的頁面載入速度將比 Internet Explorer 快三倍；在創新方面，賈伯斯討論了當前瀏覽器的局限性，包括 Google 搜尋未出現在工具列上，以及書籤整理功能不夠完善，賈伯斯說：「我們在研究中發現，用戶不太使用書籤，也不常用收藏夾，因為這些功能太複雜了，沒人搞得清楚該怎麼使用。」Safari 把 Google 搜尋納入工具列，並新增功能讓用戶更輕鬆地回到之前的網站或喜愛的網頁。

　　推出反派角色很簡單，只需要一句話就行：「**為什麼你需要這個？**」這問題讓賈伯斯可以回顧整個業界的現況（無論是瀏覽器、作業系統、數位音樂或者是其他領域），為接下來的簡報內容搭建好舞台，然後提出關鍵的解決方案。

每分鐘三千美元的推銷

在九月的某一週，數十位創業者會在兩個不同的場合，分別是舊金山的 TechCrunch50 和聖地牙哥的 DEMO，向媒體、專家和投資者推銷他們的創業計畫。對於創業者來說，這些高風險的簡報對成敗關係重大。TechCrunch 的主辦單位認為，八分鐘是表達一個想法的理想時間，如果你無法在八分鐘內表達清楚你的想法，就代表有必要進一步完善。而 DEMO 給講者的時間甚至更短，只有六分鐘，且同樣收取了一萬八千五百美元的報名費，相當於每分鐘三千美元。如果你需要付出每分鐘三千美元來推銷你的創業計畫，你會怎麼準備？

參加這些簡報的風險投資者普遍認為，大多數創業者未能創造出吸引人的故事，因為他們直接進入產品介紹，而沒有先解釋問題。一位投資者告訴我：「你必須在我大腦中創造一個新空間來容納你接下來要發表的訊息，如果創業者在沒有設定問題的情況下直接提供解決方案，只會讓我提不起勁。就好比他們有一壺好咖啡，卻沒有提供杯子。」聽眾的大腦能夠吸收的新資訊有限，而大多數簡報者就像是試圖將 2MB 的數據塞進 128KB 的空間裡，這當然承受不了。

一家名為 TravelMuse 的公司在 2008 年 DEMO 展會中進行非常出色的推銷。創辦人凱文‧弗萊斯（Kevin Fleiss）這樣開場：「最大、最成熟的線上零售是旅遊，光在美國就超過九百億美元【建立類別】。我們都知道如何在線上預訂旅遊行程，但預訂只是過程中的最後 5%【開始介紹問題】，在預訂之前的 95%，包括決定要去哪裡、制定計畫，才是最艱鉅的任務。TravelMuse 將內容與旅行規畫工具無縫整合，提供完整的體驗，讓規畫變得簡單【提供解決方案】。」[9] 在提出解決方案之前先介紹類別和問題，弗萊斯創造了杯子來裝咖啡。

投資者是在投資創意構想，因此，他們會想了解該公司的產品能解決什麼普遍問題，一個沒有問題的解決方案沒什麼吸引力。一旦**問題和解決方案確立**，投資者才會放心，願意進一步探討市場規模、競爭對手及商業模式等問題。

終極電梯簡報的四個問題

設定問題不需要花太多時間，賈伯斯通常只用了幾分鐘來介紹反派角色，你也可以在短短三十秒內做到這一點，只需針對以下四個問題準備一句簡單的回答：一、你做什麼？二、你要解決什麼問題？三、你有什麼不同的地方？四、跟我有什麼關係？

我在加州蒙特雷（Monterey）與 LanguageLine 的高階主管合作時，我們根據這四個問題的答案設計了一個電梯簡報。如果做得成功，以下的說明能讓你清楚了解這家公司：「LanguageLine 是全球最大的電話口譯服務公司，專門服務必須與不會說英語的顧客聯絡的公司【做什麼】。每 23 秒就會有一個不懂英語的人入境【問題】，當他打電話給醫院、銀行、保險公司或 911 時，很可能有一位 LanguageLine 口譯員在電話另一端【不同之處】，我們提供一百五十種語言幫助你與顧客、病人或潛在銷售對象溝通【跟你有什麼關係】。」

反派角色：便利的敘事工具

賈伯斯與美國前副總統、後來是全球暖化專家的艾爾・高爾有三個共

同點：對環境的承諾、對蘋果的熱愛（高爾是蘋果董事會成員）以及富有感染力的演說風格。艾爾‧高爾的獲獎紀錄片《不願面對的真相》是一場以蘋果的敘事技巧設計而成的演說。高爾能夠讓觀眾願意聽下去的原因是，提出每個人都關切的問題（儘管評論者對解決方案可能有不同看法，但問題本身通常是大家普遍接受的）。

高爾開始他的演說（故事）時，先為他的論點鋪陳背景。一系列從各種太空任務中拍攝的地球的繽紛圖片中，他不僅讓觀眾欣賞到地球之美，還引出了問題。高爾首先展示了一張著名的照片〈地出〉（Earthrise），這是人類首次從月球表面看到地球的影像。接著高爾展示一系列後來幾年拍攝的照片，顯示全球暖化的跡象，如融化的冰冠、後退的海岸線和颶風肆虐等。他說：「冰層有個故事要告訴我們。」隨後，高爾更明確地介紹了反派角色：燃燒煤、天然氣和石油等化石燃料，顯著增加了地球大氣中的二氧化碳量，導致全球氣溫上升。

紀錄片中最令人難忘的場景之一是，高爾以一條紅色和另一條藍色的線來解釋暖化問題，這兩條線分別代表六十萬年來二氧化碳濃度和平均氣溫的變化。他解釋說：「當二氧化碳濃度增加時，氣溫會升高。」接著他展示一張圖表，顯示出二氧化碳濃度達到地球有史以來最高的紀錄，而這正是當前的數據。「如果你們能耐心聽我說下去，我想特別強調下一個重點，」高爾邊說邊走上機械升降台，按下按鈕，升降台將他抬高至少一公尺多，讓他處於圖表上代表當前二氧化碳排放量的位置，這引發觀眾輕笑，覺得既有趣又發人深省。高爾繼續說，「不到五十年，這個數字將會繼續上升。當在座的各位孩子長大後到了我這把年紀時，這就是他們面臨的情況。」高爾再次按下按鈕，升降台繼續升高，持續約十秒鐘。在他追蹤圖表上升的過程中，轉向觀眾說：「你們聽說過『超出圖表』嗎？好吧，這就是我們五十年內將

會面臨的情況。」[10] 這場演說既有趣又令人難忘，同時也充滿力量，高爾將事實、數字和統計數據生動地呈現出來。

高爾運用了許多與賈伯斯簡報中相似的呈現手法和技巧，包括早早引入對手或反派角色，並號召群眾圍繞共同目標團結起來。在賈伯斯的簡報中，一旦反派角色清楚地確立起來，就該是揭開帷幕，展示將拯救全局的角色，那個征服一切的英雄。

導演筆記 DIRECTOR'S NOTES

>> 在簡報一開始就介紹反派角色登場，必須優先確立問題，再揭示解決方案。你可以生動地描述客戶的痛點，鋪陳「為什麼我們需要這個？」的問題。

>> 多花一些時間詳細描述問題，使其具體化，加深痛苦的感受。

>> 利用本章介紹的四個步驟，為你的產品設計一個電梯簡報，特別注意第二個問題：「你要解決什麼問題？」記住，沒有人在乎你的產品，人們真正在乎的是你會如何解決他們的問題。

第7景 ➤➤
勝利英雄登場

> 微軟唯一的問題就是缺乏品味,這可不是一件小事,而是很嚴重的問題。
>
> ——賈伯斯

　　賈伯斯在塑造反派方面堪稱高手,越狡猾的反派越有效果。賈伯斯一介紹完反派(現有產品的局限性)之後,接著就會推出「英雄」出場,提出一個能夠讓生活更輕鬆愉快的解決方案,換句話說,蘋果產品總是適時登場,拯救一切。在蘋果「1984」的電視廣告中,IBM 扮演了這個反派角色,前一章提到,賈伯斯在 1983 年秋季的一場內部會議中,首次向銷售團隊展示這支廣告。

　　在播放廣告之前,賈伯斯花了一點時間把「藍色巨人」塑造成一個企圖主宰世界的角色(當時 IBM 被稱為藍色巨人 Big Blue,恰巧與「老大哥」Big Brother 的名稱有相似之處,這點被賈伯斯巧妙利用)。賈伯斯將藍色巨人的形象塑造得比殺人魔漢尼拔・萊克特(Hannibal Lecter)還要陰險可怕。(譯注:漢尼拔・萊克特是電影《沉默的羔羊》中的殺人魔)

時間來到 1958 年，IBM 錯失一次收購新創公司的機會，這家公司發明「靜電印刷」（xerography）新技術，兩年後全錄公司（Xerox，編按：後來成為全球印表機大廠）誕生，IBM 悔不當初。十年之後，進入六〇年代末期，數位設備公司 DEC 等企業發明了迷你電腦，但 IBM 卻認為迷你電腦太小，無法執行高階運算，對公司業務無足輕重，DEC 隨後成長為一家市值數億美元的公司，而 IBM 最終才進入迷你電腦市場。又再過十年來到七〇年代末期，1977 年，位於西岸的蘋果新創公司發明了 Apple II，也就是今日眾人熟知的第一台個人電腦【英雄登場】，但 IBM 卻認為個人電腦太小，無法執行高階運算，對公司業務無足輕重【反派無視英雄特質】，到八〇年代初期，Apple II 在 1981 年已成為全球最受歡迎的電腦，蘋果成長為一家市值達三億美元的公司，成為美國商業史上成長最快速的企業。超過五十家競爭對手爭奪市場，IBM 終於在 1981 年 11 月推出 IBM PC，進軍個人電腦市場。1983 年，蘋果和 IBM 成為業界最強勁的競爭對手，兩家公司在這一年的個人電腦銷售額均超過十億美元【大衛終於和歌利亞旗鼓相當（編按：舊約聖經中的著名故事，牧羊少年大衛戰勝巨人戰士歌利亞，象徵以弱勝強的精神）】。市場洗牌愈演愈烈，首家大型企業倒閉，其他公司也岌岌可危。現在是 1984 年，看來 IBM 想要壟斷一切，蘋果被認為是唯一能與 IBM 相抗衡的希望【英雄即將出擊】。最初敞開雙臂迎接 IBM 的經銷商，如今開始擔憂未來會被 IBM 主導和掌控，愈發急切地想回頭依賴蘋果，將之視為能保障未來自由的唯一力量。[1]

賈伯斯營造出一場經典對決時刻，觀眾爆出熱烈的歡呼聲，他彷彿化身為最棒的詹姆士・龐德，在反派即將毀滅世界之際，龐德（或是賈伯斯）

從容登場，拯救了局面。創作出詹姆士・龐德 007 系列的作者伊恩・佛萊明（Ian Fleming）肯定會引以為傲。

英雄的使命

在賈伯斯的簡報中，英雄的使命不一定是消滅反派，而是為了讓我們生活得更好。2001 年 10 月 23 日 iPod 的發布，正好體現了這種微妙卻重要的區別。

了解當時數位音樂產業的狀況會更能理解。相較於如今小巧的 iPod，當時人們隨身攜帶的 CD 播放器有如龐然大物，市面上僅有的幾款數位音樂播放器，不是又大又笨重，就是儲存容量有限，只能容納幾十首歌，不太實用，例如 Nomad Jukebox 這類產品，2.5 吋硬碟雖然攜帶方便但有點沉重，而且從電腦傳輸歌曲的速度慢得令人抓狂，電池續航力更是短到幾乎毫無用處。看到了這些亟需解決的問題後，賈伯斯以英雄之姿閃亮登場。

「為什麼需要音樂？」賈伯斯反問。

「我們熱愛音樂，而做自己熱愛的事總是很美好的，更重要的是，音樂是每個人生活的一部分，自古以來就存在，永遠不會消失。這不是一個投機市場，由於音樂是每個人生活的一部分，因此這是一個極其龐大的目標市場，遍及全球。但很有趣的是，在這場全新的數位音樂革命中，還沒有任何市場領導品牌，沒有人找到數位音樂的成功解方，而我們找到了。」

賈伯斯宣布蘋果已經找到了解方時，成功挑起了觀眾的興趣，他已經搭建好舞台。接下來他要介紹反派角色出場，便帶領觀眾回顧當時隨身音樂播放器的市場現況，賈伯斯指出，如果想隨時隨地聆聽音樂，可以選擇 CD 播放器（容量約為十到十五首歌曲）、flash 播放器、MP3 播放器，或是像

Jukebox 這樣的硬碟設備，他接著說道：「讓我們一個一個來看。」

一台 CD 播放器要價大約 75 美元，而一張 CD 容納 10 到 15 首歌曲，也就是每首歌大約 5 美元。你可以花 150 美元買一台 flash 播放器，容量也是 10 到 15 首歌，每首歌大約 10 美元。你也可以花 150 美元買一台 MP3 播放器，最多可以存進 150 首歌曲，因此每首歌的花費降到 1 美元。或是，你可以花 300 美元買一台 Jukebox 硬碟，儲存容量可達 1,000 首歌，每首歌大約只需 30 美分。我們研究了所有的選項，而這正是我們想要的【指向投影片上的「硬碟」類別】。今天，我們將推出一款新產品，完全實現了這個目標，這個產品就叫做 iPod。

於是，賈伯斯介紹英雄 iPod 登場。他表示，iPod 是一款 MP3 音樂播放器，音質媲美 CD：「但 iPod 最大的特色是，能夠容納千首歌曲，這是一個劃時代的飛躍，因為對大多數人來說，這相當於他們所有的音樂收藏，實在太驚人了。你有多少次出門在外，才發現自己沒帶到想聽的 CD？而 iPod 最酷的地方是，你的整個音樂庫都能放進口袋裡，這是前所未有的突破。」[2] 強調整個音樂庫都能放進口袋，賈伯斯再次突顯了英雄 iPod 最創新的特質，並提醒觀眾，直到蘋果出現扭轉局勢，這才得以實現。

在 iPod 推出之後，記者邁克・朗伯格（Mike Langberg）撰文指出，創新科技公司（Creative，Nomad Jukebox 的原始製造商）早在蘋果之前，就看到了隨身音樂播放器的商機，並於 2000 年 9 月推出一款 6GB 的硬碟播放器，蘋果則在一年後才推出第一代 iPod。他接著指出，「然而，創新科技公司少了蘋果眾所周知的祕密武器，也就是公司創辦人、董事長、首席傳教士史蒂夫・賈伯斯。」[3]

「我是Mac」vs.「我是PC」

蘋果 2006 年推出 Get a Mac 系列廣告，迅速成為近代企業史上有口皆碑且耳熟能詳的電視廣告之一。喜劇演員約翰・霍奇曼（John Hodgman）扮演「PC 先生」，演員賈斯汀・隆（Justin Long）則扮演「Mac 小子」。廣告中兩人站在純白背景前，故事情節大多圍繞在突顯 PC 先生的古板、遲鈍和挫敗感，對比 Mac 小子友善、輕鬆愉快的形象。這些廣告透過三十秒短劇呈現出反派（PC）與英雄（Mac）的對立情節。

在早期的「天使／魔鬼」廣告中，Mac 小子給 PC 先生一本 iPhoto 相簿，此時出現了「天使」和「魔鬼」（分別由穿著白色和紅色西裝的 PC 角色扮演），天使鼓勵 PC 誇獎 Mac，魔鬼則煽動 PC 將相簿撕毀。這個比喻非常明顯：「我是 Mac／我是 PC」也可以詮釋為「我是好人／我是壞人」。[4]

英雄角色登場後，就必須明確傳遞其優勢，才能立即回答觀眾唯一在乎的問題：「跟我有什麼關係？」。在 Get a Mac 系列中另一支題為 Out of the Box（開箱即用）的廣告，這兩個角色從箱子裡冒出來，開啟以下對話：

MAC：準備好了嗎？
PC：還沒呢，還有很多前置作業要準備。你有什麼大計畫？
MAC：我嘛，也許先剪輯一段家庭影片，或是建立網站，再試試我內建的攝影機。我一開箱就能做這些事，那你呢？
PC：啊，我得先下載新的驅動程式，然後移除硬碟裡的試用版軟體，還有一大堆使用說明要看。
MAC：看來，你還有很多事要處理才能開始作業，那我先開始吧，我有點迫不及待了，你好了再跟我說一聲。【跳出紙箱】

PC：其實……我其餘部分還在別的箱子裡，我稍後再去找你。

有些觀察家批評蘋果的廣告，認為流露出自以為是的優越感。無論你是喜歡還是討厭，有一點是不可否認的，這些廣告的確達到效果，至少讓蘋果一直成為談論焦點。事實上，這些廣告如此成功，迫使微軟推出自己的廣告做為反擊，展示來自各行各業的知名和普通人士驕傲地宣稱：「我是PC」。然而，蘋果早已搶得先機，將 PC 塑造成書呆子，而蘋果則像是人人想模仿的酷小子。微軟的廣告雖然有趣，但缺乏蘋果廣告的情感衝擊力，原因很簡單，它沒有設定反派角色。

三十秒內找出問題及解決方案

iPhone 的 App Store 提供超過一萬種應用程式，為蘋果帶來巨大成功。蘋果公司在 iPhone 和 iPod Touch 的電視和平面廣告中，特別介紹了一些個別應用程式，尤其是電視廣告效果極佳，在短短三十秒內勾勒出問題並提出解決之道。

例如，在一支介紹 Shazam 應用程式的廣告中，旁白說道：「聽到一首歌卻不知道歌名，你了解那種讓人抓狂的感覺嗎？【引出問題】有了 Shazam 應用程式，你只需將 iPhone 靠近播放的歌曲，幾秒之內就能知道歌手是誰，以及如何找到這首歌。」[5] 廣告結尾的標語總是一樣：「這就是 iPhone，一個應用程式解決一個生活難題。」

這些廣告在短短三十秒內成功地提出問題，並透過應用程式加以解決，這證明了，設定問題和提供解方不需要花太多時間。不要浪費時間鋪陳，直接切入重點吧。

賈伯斯賣的不是電腦，而是體驗

在確立反派並介紹英雄登場之後，蘋果敘事的下一步就是，展示英雄如何為受害者（即消費者）清楚提供擺脫反派控制的方法，這個解決方案必須簡單直接、避免專業術語。舉例來說，在 2010 年如果你造訪蘋果官方網站，就會看到一份「你會愛上 Mac 電腦的理由」清單，[6] 裡面列出了具體的優點，幾乎沒有複雜的技術語言，例如，網站並未提到 MacBook Pro 配備英特爾 Core 2 Duo 2.4GHz、2GB、1,066MHz DDR3 SDRAM 和 250GB Serial ATA 5,400 rpm 硬碟，而是直接列出對顧客的好處：「內外皆美，無懈可擊；能做到 PC 能做的事，而且更勝一籌；擁有全球最先進的作業系統；購買和擁有都是一種享受」。目標客戶購買的其實並不是一台 2.4GHz 多核心處理器，而是這個處理器能帶來的**體驗**。

賈伯斯的簡報風格有別於他的競爭對手，他很少會用令人昏昏欲睡的數據、統計和專業術語。在 2006 年 Macworld 展會上，賈伯斯在簡報接近尾聲時加入他經典的「還有一件事」（One more thing）這句台詞，這次的「還有一件事」原來是一款搭載全新英特爾 Core 2 微處理器的 MacBook Pro，這是 Mac 筆記型電腦首次採用英特爾晶片。賈伯斯花了幾分鐘時間，用簡易的語言清楚描述問題，並介紹這款產品的具體優勢。

「PowerBooks 一直有個討人厭小問題，」賈伯斯說。「我們一直在努力將 G5（IBM 微處理器）整合進 PowerBook，但由於功耗太高，始終未能成功，這麼小的規格根本不切實際。在工程技術上我們已盡一切努力，甚至求助過所有可能的權威【投影片顯示教宗的照片，全場哄堂大笑】。」

賈伯斯解釋道，現在替換成英特爾雙核心微處理器後，使得性能大幅提升，同時體積更小。

今天我們要推出一款全新的筆記型電腦，稱之為 MacBook Pro，搭載英特爾雙核心晶片，與我們新推出的 iMac 相同，也就是說，每台 MacBook Pro 都會有雙處理器。這會帶來什麼效果呢？速度會比 PowerBook G4 快四到五倍，令人讚歎……全新的 MacBook Pro 是歷來最快速的 Mac 筆記型電腦，也是最輕薄的。還有一些令人驚豔的新功能，配備 15.4 吋的寬螢幕顯示器，亮度與我們的 Cinema 顯示器一樣，畫質精美無比。另外還內建 iSight 攝影機，只要打開 MacBook Pro，隨時可以進行視訊會議，實在是太方便了，簡直就是天堂般的體驗。[7]

可攜式網路攝影機是不是帶來「天堂」般的體驗，也許見人見智，但賈伯斯深知台下觀眾的需求，道出在場人士渴望解決的一大問題。

創造反派並宣揚英雄解方背後的好處，這項技能是賈伯斯幾乎在每一場簡報和訪談中都會運用的溝通技巧。賈伯斯同意接受史密森尼學會口述和影像歷史系列的訪問時提到，毅力是企業家成功與不成功之間的區別。他說，毅力來自於熱情：「除非你對一件事有很強烈的熱情，否則你是無法堅持下去的，你會選擇放棄。因此，你必須有一個構想、問題或必須改正的錯誤，是你想要投注熱情的，這樣你才會有堅持下去的毅力，我認為那就已經成功一半了。」[8]

賈伯斯就好比商業界的印第安納瓊斯（編按：好萊塢經典冒險系列電影的主角），正如同電影中英雄人物擊敗反派一樣，賈伯斯找到了共同敵人並將之擊敗，征服了觀眾的心，最後像英雄般消失在夕陽中，留下一個更美好的未來。

導演筆記 DIRECTOR'S NOTES

>> 先概述當前行業（或產品類別）的現況，然後提出你對未來發展的願景。

>> 一旦確立了反派——也就是顧客的痛點——用簡單易懂的語言，說明自家的公司、產品或服務將如何提供解決方案。

>> 請記住，賈伯斯深信，只有當你對解決某個問題充滿熱情時，才會有毅力堅持下去。

中場休息 1 ▶▶

遵守十分鐘法則

　　你的觀眾在十分鐘後就會開始分心了，不是十一分鐘，而是十分鐘，這個寶貴的實情是來自於對認知功能研究的最新發現，簡單來說，大腦會感到無聊。

　　根據分子生物學家約翰・麥迪納的說法：「大腦似乎根據某種頑固的時間模式在做選擇，這無疑會受到文化和基因的影響。」[1] 麥迪納自己的觀察和同儕的審查研究，都證實了這個十分鐘規則，在他的每一門大學課程中，都會問同一個問題：「如果你在上一門普通的課，不無聊但也沒特別有趣，你會在什麼時候開始看時鐘，想知道什麼時候下課？」答案總是完全一樣：十分鐘。

　　賈伯斯從不讓大腦感到無聊。三十分鐘的時間內，他的簡報包括了示範、第二位甚至第三位講者、和影片片段。賈伯斯很清楚，即使他的說服技巧再高超，也無法對抗一個不斷尋求新刺激、疲憊的大腦。

　　在 2007 年 Macworld 的簡報中，賈伯斯分秒不差地在第十分鐘播放蘋果新推出的 iTunes 和 iPod 電視廣告（畫面中有一群黑色人物剪影在色彩鮮

豔的背景前跳舞，手中拿著 iPod，白色耳機格外顯眼）。廣告結束之後，賈伯斯說：「這不是很棒嗎？」² 賈伯斯其實為他的簡報提供了一個「中場休息」，區隔第一幕（音樂）和第二幕（推出 Apple TV，能將 iTunes 內容播放到寬螢幕電視上）。

　　遵循十分鐘法則，讓你的的大腦休息一下。接下來，我們進入第二幕：打造極致體驗。

第二幕

打造極致體驗

　　賈伯斯並不是單純在做簡報,而是提供一場全新的體驗。想像一下,你到紐約觀賞獲獎的百老匯好戲,你會期待看到多樣的角色、精心設計的舞台道具、震撼的視覺效果,以及讓你覺得票價物超所值的精彩時刻。在本書第二幕中,你將發現賈伯斯的簡報包含了這些元素,幫助他與觀眾建立強烈的情感連結。

　　就跟第一幕一樣,第二幕的每一景之後都會附上具體且可行的建議,讓你可以輕鬆運用在日常生活中。以下是第二幕中各個場景的簡短介紹:

>> 第 8 景：發揮簡約禪意。極簡風格是蘋果設計的關鍵特徵。賈伯斯將這種方法同樣運用到簡報設計中，每張投影片都簡潔、生動且吸引人。

>> 第 9 景：包裝統計數字。沒有背景的數據是毫無意義的，賈伯斯讓統計數字變得有血有肉，最重要的是，他總是將數字放在觀眾能理解的脈絡下來討論。

>> 第 10 景：使用生動詞彙。當「凡夫俗子」見識到賈伯斯「難以置信」簡報時，都會覺得它「酷炫」、「神奇」、「超棒的」，這些都是賈伯斯常用的有力詞彙。在這章將發現賈伯斯為什麼選擇這些詞語，又為何如此有效。

>> 第 11 景：與人分享舞台。蘋果可說是一家命運與共同創辦人密不可分的公司。儘管蘋果有一群才華洋溢的領導者，但許多人認為賈伯斯在世時，蘋果是他一個人的獨角戲。也許如此，不過賈伯斯總是將簡報視為一場交響樂演出。

>> 第 12 景：善用示範道具。示範操作在賈伯斯的每場簡報中都扮演著非常重要的輔助角色。本章將學習如何用精彩的示範來吸引觀眾。

>> 第 13 景：揭開驚呼的瞬間。從賈伯斯最早的簡報開始，就很擅長營造戲劇效果。就在你以為一切都已展示完畢時，賈伯斯會突然帶來驚喜，這一刻是經過精心策畫和編排的，好達到最大的衝擊效果。

第8景 ▶▶

發揮簡約禪意

> 簡單是複雜的極致表現。
>
> ——賈伯斯引述達文西的名言

　　簡約（Simplicity）是蘋果所有設計中最重要的概念之一，從電腦、音樂播放器、手機，甚至零售店的體驗皆如是。賈伯斯在 2003 年接受《紐約時報》撰寫 iPod 相關報導的一位專欄作家採訪時曾表示：「隨著科技變得越來越複雜，蘋果的核心優勢在於，懂得如何將極為複雜的技術簡化，凡人都能輕易理解，這種需求如今更加迫切。」[1]

　　蘋果的設計大師強尼・艾夫（Jony Ive）也在同篇文章採訪時指出，賈伯斯希望保留初代 iPod 的簡約和純粹，設計團隊刪減掉的功能與保留下來的同樣重要，艾夫說：「有趣的是，正是那種簡約，甚至是毫無保留地表現極簡，才造就出獨特的產品。然而，追求獨特並不是目標，要做出與眾不同的東西不難，真正令人興奮的是，我們逐漸意識到，iPod 的獨特性其實正是因為堅持力求簡約。」[2] 根據艾夫的說法，複雜會導致 iPod 失敗。

　　賈伯斯透過去除多餘和繁雜的功能，使產品變得容易使用，這種簡化

過程也同樣體現在他的簡報投影片設計上。南希・杜爾特寫道：「把所有內容塞進一張投影片裡，反映出講者的懶惰心態。」[3] 大多數講者習慣在投影片上盡量填滿文字，而賈伯斯則是不斷刪減，去蕪存菁。

賈伯斯的簡報極為簡潔、具視覺效果，而且完全沒有使用項目符號。沒錯，從來沒有用過項目符號。當然，這就引出了一個問題：沒有項目符號的簡報還算是簡報嗎？答案是肯定的，而且還更吸引人。關於大腦運作最新的認知功能研究證明，項目符號是傳遞重要資訊最無效的方式，神經科學家也發現，所謂的標準簡報格式通常是最不能吸引觀眾的方式。

在《偶像破壞者》（Iconoclast）一書中，格雷戈里・伯恩斯（Gregory Berns）博士寫道：「大腦基本上是一團懶惰的肉。」[4] 換句話說，大腦不喜歡浪費精力，進化就是為了盡可能提高效率。像 PowerPoint 這樣的簡報軟體，很容易讓大腦超出負荷、過度運作。一打開 PowerPoint，標準的投影片模板就會提供標題、副標題或項目符號的文字區塊。若你和大多數講者一樣，你會在投影片上寫下標題、添加項目符號、子項目符號，甚至更次級的項目符號，最終看起來就會像後頁圖 8.1 這副模樣。

這種投影片格式讓我不寒而慄，你應該也會嚇得半死。著有暢銷書《簡報禪》的簡報設計師賈爾・雷諾茲稱這些作品為「投影片文件」（slideuments），試圖將文件與投影片混為一談。雷諾茲說：「講者以為自己是在提高效率、簡化事物，是一石二鳥的作法，可惜，唯一『被石頭砸掉』的正是有效的溝通。」[5] 雷諾茲認為，PowerPoint 如果運用得當，也能夠輔助並增強簡報效果。他並非主張放棄使用 PowerPoint 或是 Keynote 等簡報軟體，而是贊成擺脫軟體中「無所不在」的項目符號列表模板，「而且我們早該明白，把口頭內容轉化成文字，直接貼在投影片上，通常無助於表達，事實上，只會削弱要傳達的訊息。」[6]

圖 8.1 典型但乏味的 PowerPoint 模板

```
                    標題
   ● 主項目
      ■ 子項目
         ○ 更次級項目
   ● 主項目
      ■ 子項目
         ○ 更次級項目
   ● 主項目
      ■ 子項目
         ○ 更次級項目
            ……雜七雜八的
```

不要再做筆記了

「我們從小就被訓練要勤做筆記，而不是專心聽講，這真是令人遺憾。你應該讓人將注意力投注在你身上（提示：項目符號會讓人想做筆記，螢幕上一旦出現了項目符號，就等於是在宣告：『記下這幾點，但現在不必專心聽』）。觀眾在欣賞歌劇時，是不會做筆記的。」[7]——賽斯·高汀（Seth Godin，美國行銷大師），個人部落格《SETH'S BLOG》

打造賈伯斯風格的投影片，會讓你的簡報脫穎而出，讓你的觀眾驚喜不已，因為很少有人做得到。在探討賈伯斯如何做到前，先來了解他**為什麼**這麼做。賈伯斯修習佛教禪宗，根據傳記作家傑弗瑞·楊（Jeffrey Young）

和威廉・西蒙（William Simon）所述，賈伯斯從 1976 年開始接觸禪宗，[8] 1991 年他與羅琳・鮑威爾（Lauren Powell）的婚禮，甚至是由一位禪宗僧侶為其證婚。

日本禪宗的中心思想之一是名為「**簡素**」（kanso）的概念，根據雷諾茲的說法，「日本的禪宗藝術教導我們，透過簡約能展現極致的美學，傳達強而有力的訊息。」[9] 簡約與去蕪存菁的設計理念貫穿賈伯斯的產品和簡報中，事實上，他的生活態度也滿是禪意。

攝影師黛安娜・沃克（Diana Walker）1982 年拍攝一張賈伯斯在自家客廳的肖像，那間客廳非常寬敞，有壁爐和落地窗，賈伯斯坐在木質地板上的一塊小地毯上，旁邊擺著一盞燈，身後有一台唱機和幾張唱片，有些唱片散落在地板上。當時的賈伯斯絕對負擔得起家具，畢竟，拍攝這張照片時，他的身價已超過一億美元。賈伯斯將這種極簡主義的美學帶入蘋果的產品中。利安德・卡尼在《賈伯斯在想什麼？》書中寫道：「蘋果設計過程中最重要的一部分就是簡約。」[10]

「賈伯斯從沒興趣炫技，從不會在產品中堆砌無謂的附加功能，只因為容易做到。正好相反，他會致力於化繁為簡，使產品變得盡可能簡單和易於使用。」卡尼在書中表示。[11]

蘋果在一九七〇年代剛創立時，廣告針對的是一般消費者，激發他們對電腦的需求，坦白說，當時大多數人並不了解這些新科技對他們有什麼實際用途。根據卡尼的說法：「蘋果廣告運用簡單易懂的語言，完全沒有像競爭對手的廣告那樣充斥著專業術語，對手主要是針對科技愛好者，蘋果與對手的目標市場完全不同。」[12] 從那時就是如此，賈伯斯始終保持簡潔的訊息傳遞風格。

德國知名畫家漢斯・霍夫曼（Hans Hofmann）曾說過：「簡約的能力

意味著去除不必要的東西，讓重要的部份得以彰顯。」賈伯斯的產品和簡報能去除雜亂（多餘的資訊），達成最終目標：簡單易用和清晰表達，讓使用者更直覺理解。

2008 年 Macworld：簡約的藝術

為了更充分體會賈伯斯投影片的簡潔設計，我製作了一張表格，展示他 2008 年 Macworld 的簡報摘錄。表 8.1 左欄列出他實際的演說內容，右欄則是投影片上同步顯示的文字。[13]

表 8.1 賈伯斯 2008 年 Macworld 主題演講摘錄

賈伯斯的口說內容	投影片同步顯示的內容
「我想花點時間回顧一下 2007 年，這對蘋果來說可是成就非凡的一年。我們推出了令人驚豔的新產品：超讚的新 iMac、最棒的新 iPod、當然還有創新變革的 iPhone。此外，我們在這一年也推出 Leopard 和其他一系列出色的軟體。」	2007
「對蘋果來說，真的是卓越的一年，我想藉此機會表達我們的感謝。我們得到所有顧客的鼎力支持，真的衷心感激，謝謝你們讓 2007 年如此非凡。」	謝謝
「今天我有四件事想和大家談談，讓我們開始吧。第一是 Leopard。」	1
「我很高興向大家報告，Leopard 上市才三個月已經賣出超過五百萬套，真是不可思議！這是 Mac OS X 有史以來最成功的一次發行。」	前 3 個月賣出 500 萬套

賈伯斯在四張投影片中使用的文字量，遠遠少於大多數講者在一張投影片上的字數。

華盛頓大學約翰・麥迪納等認知學者的研究發現，一張簡報投影片的平均字數為四十個英文字，而賈伯斯的前四張投影片總共不到十個字、四組數字，而且沒有任何項目符號。

Let's Rock 發表會

2008 年 9 月 9 日，賈伯斯發表 iTunes 音樂商店的新功能，並為假期季節推出新款 iPod 型號。在這次的 Let's Rock 活動之前，人們觀察到賈伯斯面容消瘦，猜測他可能健康狀況不佳。

賈伯斯上台後立即回應了這些謠言，但他一句話都沒說，而是用一張簡單的投影片來發聲（見後頁表 8.2）。[14] 這種方式簡單又出乎意料，博得觀眾的掌聲，又化解了緊張氣氛，後續的介紹也依然簡潔有力、吸引觀眾。（2009 年 1 月，蘋果公司宣布賈伯斯因荷爾蒙失調而體重下降，將暫時休假治療與休養。）

請注意 8.2 表格中投影片上顯示的文字和數字，完全呼應賈伯斯傳達的訊息。當他說「今天我們要談的是音樂」，此時，觀眾唯一看到的字是「音樂」，這些文字發揮輔助作用。

如果你在演講中傳達某一個要點，而投影片上有太多文字，這些文字又與你說的內容不一致時，觀眾就很難將注意力同時集中在你和投影片上面。簡而言之，冗長的投影片會分散注意力，簡單的投影片則能讓焦點集中在講者身上。

表 8.2 賈伯斯 2008 年 Let's Rock 發表會的簡報摘錄

賈伯斯的口說內容	投影片同步顯示的內容
「早安。感謝大家今早蒞臨現場，我們有幾件令人興奮的事想要和大家分享。不過，在開始之前，我想先提一下這件事。」【指向螢幕】	關於我死亡的報導純屬誇大
「話不多說，讓我們直接切入今天上午的主題。今天要談的是音樂，我們還準備了許多有趣的新產品要分享。」	音樂
「好，讓我們先從 iTunes 開始。」	iTunes
「iTunes，當然是無所不在的音樂與影片播放器，還結合全球最大的線上影音商店。」	iTunes 網站首頁的畫面
「iTunes 如今提供超過八百五十萬首歌曲，這實在太驚人了，我們當初只有二十萬首，現在已經擁有超過八百五十萬首歌曲。」	8,500,000 首歌
「超過十二萬五千個 podcast 節目。」	125,000 podcasts
「超過三萬集電視節目。」	1,000 種節目、30,000 集
「二千六百部好萊塢電影。」	2,600 部好萊塢電影
「而且，到目前為止，我們 iPhone 和 iPod Touch 的應用程式數量已經突破三千款。」	iPhone & iPod Touch 3,000 款應用程式
「這些年來，我們建立了龐大的客戶群。很高興向大家宣布，目前 iTunes 已經有超過六千五百萬個註冊帳戶。六千五百萬名客戶，真是令人驚豔的數字！」	65,000,000 個綁定信用卡的帳戶

經驗證據

根據實證數據而非主觀意見的研究,證明了設計簡單、避免過多資訊的投影片是吸引觀眾的最佳方式。理查‧梅耶博士(Dr. Richard Mayer)是加州大學聖塔芭芭拉分校(UC Santa Barbara)教育心理學教授,自 1991 年以來一直在鑽研多媒體學習,他的理論建立在堅實的實證研究基礎上,這些研究已發表於同儕審閱的學術期刊中。在一篇名為〈多媒體學習的認知理論〉(A Cognitive Theory of Multimedia Learning)論文中,梅耶基於科學家對認知功能的理解,概述多媒體設計的基本原則,賈伯斯的投影片符合梅耶的每一項原則。

多媒體呈現原則

「結合文字與圖片的說明,比起純文字更有效果。」梅耶寫道。[15] 梅耶的研究顯示,當學習內容以文字和圖片**同時**呈現時,學習者會更容易理解。在梅耶的實驗中,接觸多重感官體驗(如文字和圖片、動畫和影片等)的受試者,通常對資訊的記憶更準確,有時甚至在二十年後仍然記憶猶新!

>> **兩分鐘預告**

「領導者的任務就是簡化,應該要能夠在兩分鐘內解釋清楚未來的目標方向。」[16] ——傑倫‧范德維爾(Jeroen Van Der Veer),皇家荷蘭殼牌公司(Royal Dutch Shell)前執行長

鄰近原則

「運用多媒體解說時,應該將相關的文字與圖片並排呈現,而非分開處理。」梅耶建議道。[17] 在梅耶的實驗中,他向學生提供某些特定資訊,隨後測試他們的學習成果。一組學生閱讀的文本包含標註插圖,且插圖位置鄰近相關文字,他們學習成效比只閱讀純文字的學生高出 65%。梅耶表示,如果了解大腦的運作機制,對這個原則就不會感到意外。當大腦能夠同時建立語文和圖像兩種心智表徵(mental representation,編按:對應外界事物或概念,腦中迅速轉換成特定意象)時,理解會更深刻。

分散注意力原則

「運用多媒體解說時,應該將文字內容以語音敘述呈現,而不是以文字形式顯示在螢幕上。」梅耶也建議。[18] 大多數情況在呈現資訊時,口頭說明會比觀眾在投影片上閱讀文字效果更佳,文字過多會使大腦處於過度負荷的狀態。

一致性原則

「運用多媒體解說時,非必要的文字和圖片越少越好。」梅耶寫道。[19] 簡短且包含更多相關資訊的簡報,才更符合認知學習理論。總而言之,添加冗餘或無關的資訊會造成阻礙,而非幫助學習。

▶▶ 速食簡報

《今日美國》報導的內容簡短且易於閱讀,批評者曾經戲稱其為

「麥報」（McPaper），如今他們已經不再嘲笑了，《今日美國》擁有全美最大的報紙發行量，讀者喜愛其色彩鮮豔又大膽的圖像設計，以及一看就懂的數據圖表和圖片。自1982年創刊以來，許多日報不得不仿效《今日美國》的作法，開始採用更簡短的報導、更豐富的色彩和更多的圖片。

《今日美國》以其「Snapshots」（快照）欄位聞名，這些獨立圖表通常刊載於主要版面（如新聞、體育、財經、生活）的左下角，都是讓人一目瞭然的統計圖表，將各種議題和趨勢訊息以吸睛的方式呈現出來，這些圖表堪稱是投影片視覺效果的最佳教材之一。

仔細觀察，你會發現理查‧梅耶的理論在這裡得到實踐運用，統計數據和圖像一起出現在投影片中，不僅讓人更容易理解，也增強了資訊的記憶效果。

梅耶表示，理想的投影片應該包含一張圖片，再加上簡單的線條繪圖，引導觀眾將目光聚焦於關鍵區域，稱作「提示信號」（signaling），其科學依據是，不要讓觀眾浪費認知資源去尋找螢幕上的重點。現在請牢記這一點，讓我們回到賈伯斯在Let's Rock活動的簡報，在簡報開始大約六分鐘後，賈伯斯介紹iTunes上的一個新功能Genius（見後頁表8.3）。[20]

從Let's Rock活動活動簡報會發現，有什麼比簡單的箭頭更容易引導觀眾注意投影片的相關區域呢？簡單的線條繪圖、精簡的文字，再加上豐富的彩色圖片和照片，構成賈伯斯投影片的主要內容。簡約，也就是去除多餘，是串聯一切的主軸。

表 8.3 賈伯斯 2008 年 Let's Rock 發表會更多精彩的簡報摘錄

賈伯斯的口說內容	投影片同步顯示的內容
「我們要推出一個新功能，叫做 Genius。Genius 真的很酷。」	Genius
「Genius 的功能是只需一鍵點擊，就能自動幫你從個人音樂庫中挑選出完美搭配的歌曲，製作播放清單。Genius 幫助你重新發掘自己音樂庫中的歌曲，建立你意想不到的精彩播放清單，而且輕鬆點擊即可完成，效果非常好。」	只需一鍵點擊，就能自動從個人音樂庫中挑選出完美搭配的歌曲，製作播放清單
「這就是 Genius 的功能，這是它的界面。假設你正在聽一首歌，像我呢，要聽巴布‧狄倫的歌。」	顯示 iTunes 音樂庫畫面，其中一首歌被選取
「在這個角落有個 Genius 按鈕，按下去之後，瞧，你就完成了一個 Genius 播放清單。此外，你還可以調出 Genius 側邊欄顯示，為你推薦 iTunes 商店中你可能會想購買的音樂。」	螢幕右下角出現一個動畫圓圈，圍繞著小小的 Genius 商標。
「那麼，這一切是怎麼辦到的呢？其實，我們把 iTunes 商店放到雲端，加入了 Genius 演算法。」	簡單的雲朵線條圖，內含 Genius 商標
「你已經有了自己的音樂庫，如果你啟用 Genius，你的音樂庫資訊會被傳送到 iTunes，幫助我們了解你的音樂品味。這些資訊傳送完全匿名。」	顯示 iTunes 音樂庫的圖片；出現向上箭頭從 iTunes 移動到雲端
「但這不僅僅是你的音樂資訊，我們會將你的資訊與數百萬 iTunes 用戶的知識整合在一起。」	原本的圖片旁邊出現許多 iTunes 音樂庫圖片，並排顯示
「所以，你的資訊會上傳，其他用戶的也會。」	原始圖片箭頭向上移動到雲端，隨後是來自其他圖片的十幾支上傳箭頭

「在這些過程當中，Genius 的推薦系統就會變得越來越聰明。」	雲朵線條圖中的 Genius 商標換成「更聰明」（Smarter）字樣
「每個人都會受益。當我們將 Genius 結果回傳給你時，就是根據你的音樂庫品味量身打造的。」	出現向下箭頭，從雲端移動到 iTunes 音樂庫圖片
「只需一鍵點擊，就能自動幫你從個人音樂庫中挑選出完美搭配的歌曲，製作播放清單。Genius 就是這麼回事。」【準備示範操作】	

▶▶ 留白

　　賈爾・雷諾茲認為，賈伯斯的投影片明顯呈現出禪宗美學：「在賈伯斯的投影片中，你可以看到克制、簡約，和強而有力卻又細膩的留白運用。」[21] 雷諾茲等設計大師都認為，商界人士最常犯的錯誤，就是把投影片的空間全部塞滿。

　　南希・杜爾特形容留白是為投影片提供視覺上的呼吸空間。「投影片上的可見元素通常會受到最多關注，但你也應該同樣重視你的留白空間……留下一點空白沒關係，又雜又擠才是失敗的設計。」[22] 杜爾特認為，把所有內容塞進一張投影片裡，是一種「怠惰」。

　　密集又雜亂的資訊內容會讓觀眾耗費太多精力，簡約的設計更有力量，而留白傳遞出優雅、質感和清晰。想看更多投影片作品，可上 slideshare.net 網站。

圖優效應

讀到現在,我希望你已經決定把目前所有的投影片,尤其是那些有項目符號的,通通銷毀,至少把電子檔案刪除,清空資源回收桶,這樣就永遠無法再找回那些投影片。將想法以視覺形式表達是一個極具說服力的論點,心理學家甚至為此提出一個專有名詞,稱之為「圖優效應」(Picture Superiority Effect),[23] 研究人員發現,語文和圖像訊息在大腦中會經由多種不同的「管道」分別處理。這對你下一次簡報的指引很簡單:用圖片表達你的想法,會比用純文字更能令人印象深刻。

推動圖優效應理論的科學家認為,這代表一種強大的資訊學習方式。華盛頓大學醫學院分子生物學家約翰・麥迪納指出:「純文字和口頭簡報在傳達某些資訊方面,不僅成效低,還遠遠落後於運用圖片。如果資訊是以口頭傳達,人們在聽到後 72 小時內還記得的內容大約只有 10%,但若加入圖片,這個比例會提升到 65%。」[24]

圖片比純文字效果更好,因為大腦將文字視為一些小圖片。根據麥迪納的說法:「我的文字會讓你難以消化,不是因為文字不像圖片,反而是因為文字太像圖片了。令人不安的是,對人的大腦皮層來說,所謂的『文字』根本不存在。」[25]

賈伯斯愛用照片

2008 年 6 月 9 日,賈伯斯在蘋果全球開發者大會上宣布推出 iPhone 3G。他用 11 張投影片來介紹,將圖優效應發揮得淋漓盡致,只有一張投影片包含文字(「iPhone 3G」),其餘的全都是照片,請參見表 8.4。[26]

表 8.4 賈伯斯 2008 年蘋果全球開發者大會主題演講

賈伯斯的口說內容	投影片同步顯示的內容
「在 iPhone 滿週歲之際，我們要將之提升到更高的境界。」	一張生日蛋糕照片，裝飾著白色奶油和草莓，中間插著一根蠟燭
「今天我們將推出 iPhone 3G。我們從第一代 iPhone 學到很多，並將所學經驗與更多創新結合，創造了 iPhone 3G，真是太美了。」	iPhone 3G
「這就是 iPhone 3G 的樣子【轉身指向螢幕；觀眾笑了】，邊框設計更纖薄，真是太美了。」	iPhone 的側面照，薄到在投影片上幾乎看不到，且占據的空間也極少。這就是運用留白來傳達理念的例子
「背板採用全塑膠材質，真的很不錯。」	全螢幕顯示手機背部
「實心金屬按鍵！」	另一張側面照，顯示按鍵
「同樣豪華的 3.5 吋螢幕。」	手機正面照，顯示螢幕
「相機鏡頭。」	鏡頭的特寫照
「平整的耳機插孔，可以隨意使用各種耳機。」	耳機插孔的特寫照
「音訊增強，音質顯著提升。」	手機上方特寫照
「實在是太棒了。信不信由你，拿在手裡的感覺更棒。」	回到第一張側面照
「iPhone 3G，真的相當精彩。」	iPhone 3G

　　如果由普通的講者來呈現相同的資訊，他可能會將所有內容塞進一張投影片裡，就像後頁圖 8.2 的投影片，你覺得哪一個更令人難忘？是表 8.4 中賈伯斯的 11 張投影片，還是那一張列舉所有功能的投影片？

圖 8.2 無趣的投影片，無圖、文字太多

iPhone 3G
- 邊框設計更纖薄
- 全塑膠背板
- 實心金屬按鍵
- 配備 3.5 吋螢幕
- 內建相機
- 平整的耳機插孔
- 音質提升

圖 8.3 一張醜投影片，資訊過多、字體繁雜、樣式不一

顯示器
13.3 吋 LED 背光亮面寬螢幕顯示器
- 支援數百萬種色彩
- 支援的解析度：
  -1280 x 800（原始）
  -1024 x 768（像素）
  -4:3（長寬比）

尺寸 & 重量
* 高度：0.16–0.76 吋
  （0.4–1.94 公分）
* 寬度：12.8吋 (32.5 公分)
* 厚度：8.94吋 (22.7 公分)
* 重量：3.0 磅 (1.36 公斤)

儲存空間
120GB 硬碟
or
128GB 固態硬碟

處理器 & 記憶體
- 1.6ghz 處理器
  - 6MB 共用 L2 快取記憶體
- 1066 MHz 前端匯流排
- 2GB 容量 1066MHz DDR 3 SDRAM

電池電力
- 內建 37 瓦時鋰聚合物電池
- 45 瓦 MagSafe 電源轉接器
- MagSafe 電源連接埠
- 4.5 小時無線技術

賈伯斯在介紹 MacBook Air 是「全球最輕薄的筆記型電腦」時，投影片上顯示了新電腦放在一個信封袋上，這個信封袋甚至比電腦還要大。就這樣，沒有任何文字、沒有圖表，只有這張照片。這種效果有多強大？照片已經說明了一切。

　　為了舉例說明，我做了一張投影片（左頁的圖 8.3），這是普通講者可能用來描述技術產品的投影片範例，上面充滿雜七雜八的字型、樣式和文字，還不容易記住，簡直糟透了（信不信由你，相較於我實際上在許多技術簡報中看過的，這張模擬投影片算是非常漂亮了）。

　　相較之下，賈伯斯在 MacBook Air 發表會中大部分的投影片風格一致，主要以照片為主。他建議顧客前往蘋果官網查詢更多技術資訊，整場發表會則以視覺呈現為主軸。顯然，像賈伯斯在介紹 MacBook Air 時呈現技術產品的手法，無疑是更有效的。

　　不用文字，光靠照片來傳達概念，需要相當的自信。由於無法依賴投影片上的文字做為輔助工具，你必須對自己的簡報內容瞭如指掌，而這正是賈伯斯與當今無數普通溝通者的區別，他以簡單、明確又充滿自信的方式傳達他的想法。

簡化一切

　　簡約，不僅體現在賈伯斯的投影片設計，也展現在他介紹產品的用字遣詞上。賈伯斯的投影片沒有多餘的文字，用語也同樣精簡。例如，在 2008 年 10 月，蘋果公司推出新款的環保型 MacBook 電腦系列，賈伯斯可能有兩種方式來介紹這些電腦，後頁表 8.5 左欄是技術上準確但冗長的描述，右欄則是賈伯斯的實際說法。[27]

表 8.5 介紹符合環保理念的 MacBook

賈伯斯本來可以這麼說	賈伯斯的實際說法
全新的 MacBook 系列符合最嚴格的能源之星（Energy Star）認證標準，不含溴化阻燃劑，內部線材與零件均採用不含 PVC 的環保材料，並配備完全不含汞、節能環保的 LED 背光顯示器。	「這是業界最環保的筆記型電腦。」

表 8.6 對照賈伯斯簡報中的實際說法與可能的表述

賈伯斯本來可以這麼說	賈伯斯的實際說法
MacBook Air 最薄處僅 0.16，最厚的地方也只有 0.76 吋。	「這是全球最輕薄的筆記型電腦。」
Time Capsule 是一個整合 802.11n 基地台和伺服器等級硬碟的應用裝置，能自動備份一部或多部搭載 Leopard（最新版的 Mac OS X 作業系統）的 Mac 電腦內部所有檔案。	「有了 Time Capsule，只需要接上電源，按幾下滑鼠，瞧，家裡所有的 Mac 電腦都能自動備份了。」
Mac OS X 提供記憶體保護、搶占式多工處理和對稱多處理功能，並搭載蘋果新開發的 Quartz 2D 圖形引擎，這是依據網路標準的 PDF 檔案格式設計的。	「Mac OS X 是目前市面上最先進的個人電腦作業系統。」

賈伯斯用適合發布在推特上的簡短描述，取代冗長的句子（參見第 4 景），簡單的句子更容易記住。表 8.6 列舉了其他幾個例子，對照賈伯斯介紹新產品時**可能**的表述，以及他的實際說法。

簡明英語運動

如果你需要幫助寫出簡潔、清晰的句子,簡明英語運動(Plain English Campaign)可以提供協助。這個總部位於英國的組織自 1979 年創立以來,一直致力於推動政府和企業簡化他們的溝通方式。該網站每週更新,展示世界各地讀者提交的最複雜、最難理解的商業語言範例。組織者將簡明英語定義為:讓目標受眾在第一次讀到(或聽到)之後,能立刻理解並採取行動的表達方式。該網站提供免費的指南,幫助學習如何以簡明英語寫作,還有精彩的「前後對比」範例,如表 8.7 中的例子。[28] 你在任何備忘錄、電子郵件或簡報中表達的內容,幾乎都可以再修改得更精簡一點。請記住,簡明扼要不僅適用於投影片上的文字,也適用於你說的每一句話。

英國創意鬼才保羅・亞頓(Paul Arden)表示,人們參加簡報是為了看你,而不是為了讀你的文字。他提出這樣的建議:「與其只靠語言文字展現你的機智或智慧,不如試著用畫面來打動人心。你的簡報越具視覺衝擊力,

表 8.7 「簡明英語運動」修改前後的對照範例

修改前	修改後
如果您有任何疑問或需要更多詳情,我們會很樂意透過電話為您提供所需的補充資料。	如果有任何問題,請致電聯繫。
優質的學習環境是加強和提升持續學習過程的必備條件。	孩子們需要有優質的學校才能有效學習。
請務必詳讀背面的註解、建議和資訊,然後填寫表格(所有欄位),填寫完畢之後,再利用隨附的回郵信封立即寄回給市議會。	在填寫表格之前,請先詳讀說明,填妥後請利用回郵信封儘速寄回。

就越能令人印象深刻。」[29]

　　達文西曾說：「簡單是複雜的極致表現。」這位歷史上最著名的畫家之一，充分體會簡單帶來的巨大力量，就像賈伯斯一樣。一旦你自己領悟到這個概念，你的觀點將變得更具說服力，遠超乎你的想像。

▶ 愛因斯坦的簡單理論

　　「如果你無法簡單地解釋一件事，那就代表你的理解還不夠透徹。」──愛因斯坦

導演筆記 DIRECTOR'S NOTES

▶ 避免使用項目符號，永遠不要用！好吧，最好少用為妙。事實上，項目符號能清楚分隔文本，在供閱讀的頁面上是完全可以接受的，比如書籍、文件和電子郵件。然而，在簡報投影片上，應避免使用項目符號，圖像才是更好的選擇。

▶ 每張投影片聚焦於一個主題，並搭配相關的照片或圖片來強化該主題。

▶ 學會設計視覺美觀的投影片。最重要的是，記住，就算你不是藝術家，也能製作出圖像豐富的投影片。歡迎造訪我的網站 carminegallo.com 查詢更多資源。

第 9 景 ▶▶ 包裝統計數字

> 到目前為止，我們的 iPhone 總銷量已達四百萬支，若以兩百天換算下來，平均每天銷售兩萬支。
>
> ——賈伯斯

2001 年 10 月 23 日，蘋果推出一款數位音樂播放器 iPod，徹底顛覆了整個音樂產業。然而以 399 美元的價格來看，這算是個昂貴的小玩意兒。iPod 的歌曲儲存容量為 5GB，但這數字對於一般音樂愛好者來說沒有多大意義。賈伯斯在當天的主題演講中表示，5GB 足夠儲存 1,000 首歌曲，讓 5GB 這個數字變得有點意思。不過，雖然聽起來更吸引人，但還是不足以彰顯其價值，因為當時競爭對手提供的產品儲存容量更大且價格更低。賈伯斯接著向觀眾保證精彩的還在後頭，他說，新款 iPod 的重量只有 6.5 盎司，這麼小巧，甚至能夠「放進你的口袋裡」。當賈伯斯從自己的口袋中掏出一台 iPod 時，立刻引起全場熱烈回應。一語道破 iPod 的廣告標語：「把 1,000 首歌裝進口袋」。[1]

數字通常很難讓人產生共鳴，除非將數字放入易於理解的情境之中，而幫助人們理解的最佳方式，就是讓這些數字與他們熟悉的事物連結起來。

5GB 對你來說可能毫無意義，但是「把 1,000 首歌裝進口袋」卻為你開啟了享受音樂的全新方式。

賈伯斯擅長包裝數據，讓這些數字有趣起來。《滾石》雜誌的記者傑夫・古德爾（Jeff Goodell）曾請教賈伯斯，對於蘋果在美國市場占有率「停滯」在 5% 這件事有何看法（這次訪問是在 2003 年，這是當時的市占率）。一般人可能會覺得 5% 的市場占有率根本微不足道，但賈伯斯用這樣的比喻來重新詮釋：「我們的市占率其實比汽車產業中的 BMW 或賓士還高，然而，沒有人認為 BMW 或賓士即將消失，也沒有人認為這些廠牌因市占率低而處於劣勢，事實上，這兩家都是人們高度渴望的品牌。」[2] 市場占有率 5% 聽起來很低，但當賈伯斯透過汽車來類比時，這數字變得更具吸引力。將蘋果的市場占有率與兩家備受推崇的廠牌相比較，揭示了數字背後的意涵。

價格減半，效能雙倍

初代 iPhone 透過 AT&T 標準行動網路（EDGE）資料傳輸，速度經常慢得令人抓狂。蘋果在 2008 年 6 月 9 日推出 iPhone 3G，解決了這個問題。賈伯斯在發表會上表示，新款 iPhone 的傳輸速度比 EDGE 快 2.8 倍，但他並非只報告數字，而是以一般網路用戶都能夠輕鬆理解的方式表示。他展示兩個對比畫面，分別顯示用 EDGE 網路和全新 3G 高速網路載入國家地理網站頁面的情況，EDGE 網路需要 59 秒才完全載入，而 3G 只需要 21 秒。[3] 此外，蘋果還為客戶帶來額外的驚喜：調降售價。

賈伯斯表示，與初代 iPhone 相比，消費者將獲得一支價格減半、效能雙倍的手機。一般的講者往往會直接拋出數字，沒有任何情境脈絡，認定觀眾會同樣感到興奮，但賈伯斯很明白，這些數字對最忠實的粉絲來說或許有

意義，但對大多數的潛在客戶卻是毫無吸引力。賈伯斯讓這些數字變得更具體、切身相關、具情境意義。

具體、切身相關、具情境意義

讓我們再來檢視另外兩個例子，看賈伯斯如何讓數字變得具體、切身相關、具情境意義。2005 年 2 月 23 日，蘋果推出一款新的 iPod，有 30GB 的儲存空間。大多數消費者可能不清楚 30GB 對他們有何實質意義，只知道比 8GB「更好」僅此而已。賈伯斯不會只拋出一個抽象數字而不加以說明，因此他用觀眾更容易理解的方式來表達。他說，30GB 的儲存空間足以容納 7,500 首歌曲、25,000 張照片、或最多 75 小時的影片。這樣的描述既具體（7,500 首歌，而不是「數千首歌」），又與觀眾的生活息息相關（使用者大多希望能隨時存取歌曲、照片和影片），同時也具情境意義，因為他選擇強調目標消費者最在意的數據。

第二個例子，賈伯斯在 2008 年的 Macworld 展會上為 iPhone 慶祝上市兩百天。賈伯斯說：「我很高興向大家報告，到目前為止，我們的 iPhone 總銷量已達四百萬支。」他本來可以就此打住（大多數講者都會這麼做），但賈伯斯就是賈伯斯，他接著說到：「若以兩百天換算下來，平均每天銷售兩萬支。」他也可以就此打住，但他還是繼續補充說，iPhone 在那麼短的時間內就攻占將近 20% 的市場。你或許心想，這次總該結束了吧，但他還沒說完呢。

「這對整體市場意味著什麼？」他接著問道。[4] 隨後，他展示一張美國智慧型手機市場占有率圖表，包含競爭對手 RIM、Palm、Nokia 和 Motorola 的數據。RIM 的黑莓機以 39% 的市占率穩居第一，而 iPhone 則

以 19.5% 居次，賈伯斯接著將 iPhone 的市占率與其餘三家競爭對手做了比較，總結道，iPhone 在發貨的頭九十天內，已經達到其餘三家競爭對手市占率的總和。這些數字不僅相當具體、與產業息息相關，最重要的是具情境意義（賈伯斯當時的簡報對象是投資人）。透過與業界老牌競爭對手相比較，賈伯斯使 iPhone 第一季就售出四百萬台的這個成就，變得更加令人矚目。

藉由類比包裝數字

2008 年，我與 SanDisk 高階主管合作，協助他們準備一項在拉斯維加斯消費電子展上重大的產品發表，我們採用了賈伯斯的經典手法。這家快閃記憶卡製造商將推出一款能放入手機 micro SD 插槽的小型記憶卡，尺寸非常微小，但更令人矚目的是，這張小小的記憶卡能容納 12GB 的儲存空間。當然，只有電子產品愛好者才會對 12GB 感到興奮。因此，我們決定像賈伯斯一樣，用類比重新包裝這個數字。我們最終的發表內容大致如下：

今天，我們將推出第一款 12GB 的手機記憶卡，內附五百億個電晶體，想像一下每個電晶體都是一隻螞蟻：如果把這五百億隻螞蟻頭尾相連，足以繞地球兩圈。這對你有什麼意義呢？這代表你會有足夠的記憶體儲存六小時的電影，或是讓你一路聽著音樂前往月球……再返回地球！

12GB 的數字本身其實並不吸引人，除非你真了解這項成就的意義，以及對你有何影響。SanDisk 把五百億個電晶體比作繞行地球的螞蟻，正是運用了類比讓數字變得更生動鮮活。類比指出兩個不同事物之間的相似特徵，有時，類比是幫助人們理解數字意義最有效的方法。

越是複雜的概念，就越需要利用如類比這樣的修辭手法來幫助理解。例如，2008 年 11 月 17 日，英特爾發布了一款強大的新型微處理器 Core i7，這款新的晶片將 7.3 億個電晶體封裝在一塊矽片中，代表了技術上的重大突破。工程師形容這項技術「令人驚歎」，但那是因為他們是專業工程師，至於一般消費者和投資人，該怎麼樣才能讓他們理解這項偉大的成就呢？英特爾副總裁兼總經理約翰・巴頓（John Barton）找到了答案。

巴頓在接受《紐約時報》採訪時表示，二十七年前英特爾製造的處理器只有 2.9 萬個電晶體，而如今 i7 在相同大小的晶片上卻有 7.3 億個電晶體。他透過將美國紐約州伊薩卡市（Ithaca，人口 2.9 萬）與整個歐洲大陸（人口 7.3 億）相比較，來解釋這個差距：「伊薩卡市本身就夠複雜了，想想就知道。如果我們將當地人口擴大到 7.3 億，相當於歐洲的人口規模，再把歐洲縮小，直到能夠完全容納在伊薩卡市的土地面積中。」[5]

數字高手

各行各業都有一堆數字，然而大多數簡報者幾乎都未能讓數字變得既有趣又有意義。接下來，讓我們來檢視一些個人與企業的成功案例，看他們如何像賈伯斯一樣讓數字變得更有意義。

定義一千兆

2008 年 6 月 9 日，IBM 發布一則新聞稿，宣傳一台超高速的超級電腦 Roadrunner。正如其名，這確實是一套非常快速的系統，運算速度達到每秒一個 petaflop。什麼是 petaflop？很高興你問了這個問題。這相當於每秒一千兆次運算。IBM 明白這數字對絕大多數讀者來說沒有意義，因此提供

以下描述說明：

> 每秒一個 petaflop 有多快呢？大約相當於十萬台當今最快速的筆記型電腦的總體運算能力，要疊成一座高達 1.5 英里的筆電塔，才能達到 Roadrunner 的運算效能。
> 地球上約六十億人口，假若每人拿出計算機每秒進行一次計算，那麼需要花上四十六年的時間，才能達到 Roadrunner 一天內就完成的運算。如果過去十年來汽車的燃油效率，和超級電腦在成本效率上的提升速度一樣快，那麼現今的汽車每加侖汽油就能行駛二十萬英里。[6]

這些比較很有說服力，成功地吸引媒體注意。2008 年如果你在 Google 上搜索「IBM + Roadrunner + 1.5 英里」，會得到近兩萬個查詢結果，這些文章全都直接引用 IBM 新聞稿，這個類比確實奏效了。

七千億美元的紓困計畫

數字越大，就越需要用觀眾容易理解的方式來說明其意義。例如，2008 年 10 月，美國政府為銀行和金融機構提供了七千億美元的紓困資金，這是 7 後面加上 11 個 0，如此龐大的數字讓大多數人難以理解。《聖荷西信使新聞報》（*San Jose Mercury News*）的記者史考特·哈里斯（Scott Harris）將此數字置於矽谷讀者都能理解的脈絡中：七千億美元是 Google 兩位創辦人財富總合的 25 倍，相當於 3,500 億杯星巴克特大杯拿鐵或 35 億支 iPhone。政府可以發給無論男女老少每位美國人各一張 2,300 美元的支票，或為 2,300 萬名大學生提供免費教育。很少有人能夠理解七千億的概念，但大家都很清楚拿鐵咖啡和大學學費，這些數字既具體又切身相關。[7]

削減十三兆磅的二氧化碳

環保團體想盡辦法將數字轉化為更有意義的表述，唯有如此，才有可能說服人們改變那些或許會加劇氣候變化的壞習慣和行為。這些數字本身過於龐大（且看似無關緊要），如果不加以解釋，是無法引起共鳴的。例如，試著告訴某人，光是 2006 年美國就排放了十三兆磅的二氧化碳，這數字聽起來極其巨大，但這意味著什麼？缺少了具體的脈絡。十三兆這個數字與其他國家相較之下，可能微不足道，也可能很龐大。坦白說，這對一般人來說有何意義呢？數字本身無法說服人們改變習慣。

艾爾·高爾的網站進一步闡述了這個數字，指出每位美國人每年平均排放 44,000 的二氧化碳，而全球平均每人排放 9,600 磅，[8] 這樣的數字既具體又有脈絡。該網站更進一步讓這個數字變得與讀者息息相關，說明如果數字再不下降可能會造成的後果，例如，熱浪會更加頻繁且劇烈，乾旱和野火會更常發生，而且在未來五十年內超過一百萬個物種可能面臨滅絕。

美國國家海洋暨大氣總署（NOAA）的科學家也開始努力讓數據更具意義，資深科學家蘇珊·索羅門（Susan Solomon）曾對《紐約時報》表示，如果繼續以目前的速度燃燒化石燃料，二氧化碳排放量可能達到 450ppm。這數字意味著什麼呢？根據索羅門的說法，當二氧化碳濃度高達 450ppm 時，海平面上升將威脅到世界各地沿海地區，澳洲西部降雨量可能減少 10%。索羅門表示：「10% 這個數字看似微不足道，但這樣的數據過去曾引發大規模乾旱，就好比美國一九三〇年代沙塵暴時期（Dust Bowl）。」[9]

無論你是否相信全球暖化，氣候變遷專家如艾爾·高爾和蘇珊·索羅門都擅長將龐大的數字賦予具體意涵，他們希望藉此說服各國政府和民眾採取必要行動來解決這個問題。

血壓 220/140 的代價

如果你對血壓一無所知，當醫生說你的血壓是 220/140，你會因此而改變飲食和運動習慣嗎？也許不會，除非有人用你能理解的情境解釋這些數據。我認識的一位醫生曾告訴他的病人：「你的血壓是 220/140，正常值是 120/80，你的血壓非常高，這表示你患心臟病、腎臟病和中風的風險大大提高。事實上，這麼高的血壓，你隨時有可能因為情緒一時失控，腦部動脈血管突然破裂而猝死。」這位醫生透過具體、切身相關、有情境意義的解釋，讓病人意識到問題並立刻做出改變！

無論你從事什麼行業，除非你能讓數字變得有意義，否則對觀眾幾乎沒有影響力，缺乏情境的數字根本不會讓人印象深刻。無論你是在介紹新技術背後的數據，還是在說明某種醫療問題，將數字與聽者熟悉的事物比較對照，都能讓你的訊息更有趣、更具影響力，最終也更有說服力

導演筆記 DIRECTOR'S NOTES

- ▶▶ 利用數據來強化簡報主題。同時，仔細思考你要呈現的數字，避免讓觀眾迷失在過多數字中。
- ▶▶ 讓你的數據具體、切身相關、具情境意義。換句話說，呈現的數字要與聽者的生活情境息息相關。
- ▶▶ 運用類比等修辭手法，來包裝你的數字。

第10景 ≫
使用生動詞彙

> 插上電源，嗡——搞定！
> ——賈伯斯，描述第一代 iPod 的歌曲傳輸功能，
> 《財星》雜誌 2001 年 11 月

賈伯斯在 2008 年 6 月 9 日的蘋果全球開發者大會上推出 iPhone 的升級版本 iPhone 3G，支援速度更快的第三代 AT&T 數據網路（3G），比原版快了兩倍。3G 網路的傳輸速度可能達到 3Mbps，而較慢的（第二代）2G 網路則為 144Kbps。簡單來說，3G 更適合在手機上上網和下載大型多媒體檔案，賈伯斯用簡單的一句話來形容，他說：「速度快得驚奇。」[1]

賈伯斯的語言簡單、清楚又直白，完全沒有商業溝通中常見的術語和複雜表達，他是少數幾位能夠自信地宣稱產品「驚奇」的企業領袖。在接受《財星》雜誌採訪時，他被問到對蘋果新推出的 OS X 作業系統介面有什麼看法，他說：「我們把螢幕按鈕設計得這麼誘人，讓人看了想舔一口。」[2] 即使有人認為賈伯斯有時過於浮誇，但他的措辭總能讓人莞爾一笑，他選擇的字眼輕鬆活潑又通俗易懂，在大多數正式商業簡報中並不常見。

賈伯斯與比爾・蓋茲的直白英語對決

科技記者托德・畢夏普（Todd Bishop）應讀者要求寫了一篇精妙的文章，將 2007 年和 2008 年四場簡報的逐字稿（包括賈伯斯的 Macworld 主題演講和比爾・蓋茲的消費電子展簡報），透過一個語言分析軟體進行檢測。整體而言，分析所得數值越低，代表語言越簡單易懂。

畢夏普利用的是 UsingEnglish.com 提供的線上軟體，[3] 該工具根據四項指標進行語言的易讀性分析：

1. **平均句長**：每個句子的平均字數。
2. **詞彙密度**：用以衡量文本閱讀的難易度，「詞彙密度較低」的文本更容易理解，因此百分比越低越容易閱讀。
3. **艱澀用詞**：每句包含三個音節以上英文單字的平均數量。在這項指標，百分比越高越不理想，因為代表文本中有更多的「艱澀用詞」，一般讀者更難理解。
4. **迷霧指數（Fog index）**：衡量讀者理論上需要多少年的教育程度才能理解文本。例如，《紐約時報》的迷霧指數為 11 或 12，而某些學術文獻的迷霧指數高達 18。迷霧指數代表，用簡單詞彙撰寫的短句，會比用艱深字詞組成的複雜語句，來得更好理解。

賈伯斯和蓋茲的語言經過分析之後，賈伯斯的表現明顯優於蓋茲，這個結果並不令人意外。表 10.1 呈現他們兩位 2007 和 2008 年的比較數據。[4]

無論是哪一項指標，賈伯斯在運用簡單易懂的語言方面，表現都明顯優於蓋茲，賈伯斯的詞彙更簡單，表達比較具體，句子也相對簡短。

表 10.1 賈伯斯與蓋茲的語言複雜度比較

簡報人／場合	史蒂夫・賈伯斯／Macworld	比爾・蓋茲／消費電子展（CES）
賈伯斯 2007 年 Macworld 主題演講和蓋茲 2007 年 CES 主題演講		
平均句長	10.5	21.6
詞彙密度	16.5%	21.0%
艱澀用詞	2.9%	5.11%
迷霧指數	5.5	10.7
賈伯斯 2008 年 Macworld 主題演講和蓋茲 2008 年 CES 主題演講		
平均句長	13.79	18.23
詞彙密度	15.76%	24.52%
艱澀用詞	3.18%	5.2%
迷霧指數	6.79	9.37

　　後頁表 10.2 比較了 2007 年簡報中的一些具體表述，賈伯斯的發言片段摘錄於左欄，[5] 蓋茲的位於右左欄。[6]

　　蓋茲的說話方式迂迴，賈伯斯直截了當；蓋茲的表達抽象，賈伯斯具體明確；蓋茲的語言複雜，而賈伯斯則簡單易懂。

　　你可能想：「比爾・蓋茲的表達或許不像賈伯斯那麼簡單，但他是全球富豪之一，所以肯定做對了什麼。」沒錯，他做對這件事：讓全球 90% 的電腦安裝 Windows 作業系統，你不是比爾・蓋茲，你的聽眾不會容忍你像蓋茲那樣複雜的表達。如果你的簡報充滿專業術語、令人困惑又晦澀難懂，你就會錯失吸引並激發聽眾的機會。你必須力求讓人理解，避免詞彙過於密集。

表 10.2 主題演講措辭比較：2007 年賈伯斯 Macworld vs. 蓋茲 CES

賈伯斯 2007 年 Macworld	比爾‧蓋茲 2007 年 CES
「還記得嗎？就在一年前，我站在這裡，宣布我們即將轉換到英特爾的產品。改用英特爾微處理器就像是進行一次大規模的心臟移植。我當時說，我們會在未來一年內完成轉型，而現在，我們只花七個月就完成了，這是我們業界史上最順利、最成功的轉型。」	「我們的處理器現在將記憶體提升至 64 位元，在這個過渡過程中沒有太多相容性問題，也不需要額外高昂的費用。舊有的 32 位元軟體還是可以運作，但是如果你需要更多儲存空間，還有這個選項。」
「接下來，我想和大家分享一些關於 iTunes 的好消息……我們現在每天銷售超過五百萬首歌曲，這是不是很不可思議？換句話說，平均每秒售出 58 首歌，全天不間斷。」	「過去一年中，我們發布了 Beta 2 測試版，吸引超過兩百萬人參與試用。而最終測試版本是我們收集用戶回饋最後機會，有超過五百萬人參與測試。我們進行了許多深入的研究，在七個不同的國家實際走訪各個家庭，與正在使用 Windows Vista 的用戶面對面訪談。此外，我們還進行極為精密的效能模擬，涵蓋所有常見的應用程式組合，相當於六十年的效能測試累積時長。」
「我們在 iTunes 上提供很精彩的電視節目。事實上，我們有超過三百五十部電視節目，供你在 iTunes 上隨意選購集數。我很開心向大家報告，我們在 iTunes 上的電視節目銷量目前已經突破五千萬集，很不可思議吧？」	「微軟 Office 有了全新的使用者介面，也更新與 Office Live 服務和 SharePoint 的連接方式，這樣的使用者介面大幅改善了用戶探索更多功能的體驗。」

你或許已經注意到，賈伯斯最愛用的詞彙，如「驚奇、不可思議、太美了」，正是大多數人日常對話中常用的。許多演講者在推銷或簡報的時候，會刻意改變語言風格，使用較正式的字詞，但是賈伯斯在台上和台下的說話方式幾乎沒有差別，他對自家品牌充滿信心，也很享受選用有趣的表達方式。有些批評者可能認為賈伯斯的語言太誇大，但他只是反映出數百萬用戶的真實感受。

當然，你選擇的詞彙應該要能真實反映你的服務、品牌或產品，假設一位理財專員在向客戶推薦共同基金時說：「這支新基金將徹底改變我們所知的金融業，真的是很驚人的產品，您應該立刻投資！」這聽起來就很不真誠（甚至不老實）。反之，若理財專員這麼說：「共同基金是很不錯的理財工具，能幫助您的資金增值，同時降低風險。市場上有無數基金可供選擇，但我對一支新基金特別感興趣，讓我為您詳細介紹一下……」這種說法簡單易懂又有感情，同時兼顧了專業形象和誠信。

不要害怕用簡單的詞語和生動的形容詞，如果你真心認為某個產品「超棒」，那就大膽地說出來吧。畢竟，如果你自己都不感興趣，怎麼能指望別人會被打動呢？

避免過多專業術語

賈伯斯很少滿口行話，他的表達方式簡單明瞭，就像日常對話。行話（某個行業中特有的專業術語）往往會阻礙自由順暢的溝通交流，我參加過許多會議，發現即使是同一家公司不同部門的員工，也無法理解彼此說的行話。專業術語和流行口號往往毫無意義又空洞，會使你的表達變得更難理解，大大削弱你的說服力。

使命宣言是專業術語氾濫的典型代表，通常這些宣言經過多次的會議討論後，變成冗長、複雜又充滿專業術語的段落，最終注定會被人遺忘。字裡行間充斥著行話和模糊空洞的詞彙，這種字眼幾乎很少聽賈伯斯說過，比如「綜效」（synergy）、「以原則為中心」（principle-centered）、「單項優勢軟體」（best of breed）等。這些表達毫無意義，但每天在全球各地的公司，還是有員工在開會時力求在一句話裡塞進更多專業術語。

相較之下，蘋果的使命宣言則簡潔明確又具衝擊力，充滿了情感豐富的詞彙和具體實例，內容如下（重點加粗強調）：

蘋果在一九七〇年代以 Apple II **引爆**個人電腦革命，並以麥金塔**重新塑造**個人電腦的面貌。如今，蘋果在創新方面持續**領先**業界，推出屢獲殊榮的電腦、OS X 作業系統、iLife 和專業的應用程式。蘋果還**主導**數位媒體革命，推出 iPod 便攜式音樂和影片播放器、及 iTunes 線上商店，還打入手機市場，推出**革命性**的 iPhone。[7]

▶▶ 化繁為簡的大師

在 2008 和 2009 年全球金融危機爆發時，財務金融專家蘇西‧歐曼無疑變成了焦點人物。除了主持她自己在 CNBC 的節目之外，這位暢銷書作者還經常出現在《歐普拉秀》（*Oprah*）和《賴瑞金現場》（*Larry King Live*）等知名節目。銀行和金融機構也請她作廣告代言人，以減輕客戶的恐慌。我曾多次採訪歐曼，驚訝地發現她對自己成為成功溝通者的祕訣一點也不藏私。

「你是怎麼將複雜的金融議題變得通俗易懂的？」我曾經請教她。

「太多人想藉由自己掌握的資訊，讓別人覺得他們很聰明。」歐曼回應道。[8]

「但是蘇西，」我問：「如果你的訊息過於簡單，難道不擔心別人會不把你當一回事嗎？」以下是歐曼的回答：

> 我不在乎別人怎麼想，我唯一在乎的是，我傳遞的訊息能讓聽眾或讀者覺得有所啟發⋯⋯如果你打算傳遞的是能夠改變聽眾的訊息，那麼在我看來，最尊重聽眾的方式就是將訊息表達得越簡單越好。比方說，如果我要告訴你怎麼去我家，你肯定希望我能給你最簡單的路線指示，我說得太複雜，對你不會有任何好處，你反而可能會覺得麻煩而放棄。簡單的指示，你才可能試著開車前往，而非就此放棄、覺得不值得去。有人批評簡單，是因為他們需要覺得事情很複雜，若一切都這麼簡單，自己的工作可能就會被取代。害怕被消滅、害怕被淘汰、害怕自己不再重要，這些恐懼促使我們將事情表達得比實際上還要複雜。[9]

▶▶ 滿口行話：保證惹怒傑克・威爾許的說話方式

傑克・威爾契曾經觀察到：「欠缺安全感的管理者會製造複雜性。」在他擔任奇異公司執行長的二十年間，這家企業的營收從一百三十億美元增長到五千億美元。威爾許的使命是「簡化」公司內部的一切複雜元素，無論是管理流程還是溝通方式，他痛恨冗長繁瑣的備忘錄、會議和簡報。

在他的自傳《jack：20 世紀最佳經理人，最重要的發言》（*Jack: Straight from the Gut*）中，威爾許提到一些讓他「受不了」的會議。

如果你想惹怒這位執行長，只要説些讓他聽不懂的話就行了，威爾許都會說：「假裝我們還在高中⋯⋯從基本概念開始說起。」威爾許回憶起與一位保險業務主管初次會面的情景，他針對自己不熟悉的術語提出簡單的問題：「我打斷他，問道：『臨時分保和合約再保有什麼區別？』他結結巴巴地解釋了好幾分鐘，我始終聽得一頭霧水，最後他懊惱地脫口而出：『你怎麼能期望我在五分鐘內教會你我花了二十五年才學會的東西！』不用說，這個人沒多久就被淘汰了。」[10]

在這個重視直白溝通、拒絕廢話的社會中，滿口行話會帶來負面後果。老是說些別人聽不懂的話，可能會讓你失去工作，甚至妨礙你發揮真正的潛力。

賈伯斯宣布新產品時選擇的詞彙有三大特點：簡單、具體，又能引發情感共鳴。

- **簡單**：很少專業術語，且不用艱澀字詞。
- **具體**：使用明確的字詞，描述簡短且具體，而非冗長抽象的討論。
- **情感共鳴**：描述性的形容詞。

賈伯斯在介紹 MacBook Air 時，這三大特點一再出現：「這就是 MacBook Air，你可以感受到機體多麼纖薄【具體】，配備全尺寸的鍵盤和顯示器【簡單】，是不是很驚豔【情感共鳴】！MacBook Air 的外觀就是這樣，太不可思議了吧【情感共鳴】！這是全球最輕薄的筆記型電腦【簡單】，有豪華的 13.3 吋寬螢幕顯示器、設計卓越的全尺寸鍵盤【情感共鳴、

具體】。我們的工程團隊竟然能研發出這種產品，真是讓我歎為觀止【情感共鳴】。」[11]

在後頁的表 10.3 中，列舉了更多賈伯斯簡報中簡單、具體、能引發情感共鳴的表達。這只是其中的一些範例，基本上，賈伯斯的每一場簡報都充滿著這類語言特色。

讀了表 10.3 中的文字，有些人可能會說賈伯斯是個炒作高手。不過，只有在沒有實質內涵的情況下才算是炒作，一般人實在很難反駁賈伯斯所說的話，麥金塔（第一台簡單易用、具圖形界面和滑鼠的電腦）確實是「棒透了」，而像 MacBook Air 這樣的產品也確實是纖薄得「令人驚豔」。

與其說賈伯斯是炒作高手，不如說他是金句大師。蘋果的團隊對於描述產品的詞彙極為講究，字斟句酌。語言的目的是激發蘋果顧客的興奮之情，營造出「非買不可」的感受，這麼做並沒有錯。別忘了，絕大多數商業語言多半空洞，枯燥、抽象、又毫無意義，賈伯斯則完全不同。為你的語言注入一些活力吧。

就像是……

為你的語言注入活力的另一種方法就是創造類比，將一個概念或產品與大眾熟悉的事物做比較。賈伯斯在推出震撼市場的全新產品時，總會特意將這產品與一個廣為人知、普遍使用、而且大家都熟悉的事物比較。舉幾個例子：

- Apple TV 就像是 21 世紀的 DVD 播放器。──2007 年 1 月 9 日，Apple TV 簡介

第10景 ▶▶ 使用生動詞彙 | 151

表 10.3 賈伯斯簡報中明確、具體、情感充沛的表達

場合	用語
2001 年蘋果的音樂活動	「iPod 最酷的一點是，你的整個音樂庫都能放進口袋裡。」[12]
2003 年 Macworld，介紹全球首款 17 吋寬螢幕筆記型電腦	「之前我只要求你們扣上安全帶，現在可要準備繫好肩膀束帶牢牢穩住自己了！」[13]
2003 年 Macworld，提及當前的鈦合金 PowerBook	「最令人夢寐以求的產品。」[14]
2003 年 Macworld，描述新款的 17 吋 PowerBook	「太震撼了，這是我們製造過最不可思議的產品，看看那個螢幕，太神奇了，看看這有多薄，難以置信吧？闔起來只有一吋厚，又很精美，無疑是目前地表上最先進的筆記型電腦。我們的競爭對手甚至都還沒趕上我們兩年前的產品，我不知道他們面對這款該怎麼辦。」[15]
賈伯斯描述初代麥金塔	「棒透了。」
說服百事可樂總裁約翰・史考利擔任蘋果公司執行長	「你打算一輩子賣糖水，還是來跟我們一起改變世界？」
引述自紀錄片《電腦狂的勝利》	「我們要在這裡留下宇宙萬物間的印記。」[16]
討論吉爾・艾米里歐擔任蘋果公司執行長的時期	「產品太爛了！一點吸引力都沒有！」[17]
2008 年 9 月，發表最新 iPod	「iPod Touch 是我們有史以來設計過最好玩的 iPod。」[18]
2003 年 1 月 7 日，推出第一台 17 吋筆記型電腦	「超越 PC 筆記型電腦的巨大進步，神乎其技的工程設計。」[19]

- iPod Shuffle 比一包口香糖更小、更輕。——2005 年 1 月，iPod Shuffle 簡介
- iPod 只有一副撲克牌的大小。——2001 年 10 月，iPod 簡介

當你找到一個有效的類比時，就應該堅持使用，重複的次數越多，顧客就越有可能記住。用 Google 搜尋有關這些產品的文章，會發現出現上萬筆連結，其中幾乎都採用賈伯斯本人所用的類比。以下是針對剛才提過的三個類比以搜尋詞彙形式找出的相關文章連結數量：

- Apple TV + DVD player for twenty-first century（21 世紀 DVD 播放器）：941,000 筆連結
- iPod Shuffle + pack of gum（一包口香糖）：56,300 筆連結
- iPod + deck of cards（一副撲克牌）：8,180,000 筆連結

（編按：以上為 2025 年 5 月搜尋結果）

▶▶ 拯救糟糕提案

不要只是推銷解決方案，而是要創造故事。《紐約時報》專欄作家大衛‧波格（David Pogue）喜歡好的推銷，他表示，自己大多數專欄的靈感都是來自產品宣傳，然而，他最不想聽到的就是專業術語。令人驚訝的是，公關專業人員就是濫用術語最嚴重的群體之一（僅次於官僚、高層管理者、IBM 顧問）。波格認為，像「整合力」、「單項優勢軟體」、「B2B」、和「顧客中心」這類流行口號，都是沒有必要的，

理想的產品宣傳應該是簡短的一段文字，直接告訴他這個產品的特色和功用。例如，有家公司寫信給波格說，他們有一款新的筆記型電腦堅固耐用，從 6 呎高的地方墜落也不會有事，防水，還能承受 149℃高溫正常運作，這樣巧妙的描述就足以引起波格的關注。

「Bad Pitch blog」（badpitch.blogspot.com）是公關、行銷和銷售專業人員必讀的網站，當中分享許多公關專業人士的真實提案，而他們理應知道，不該用晦澀難懂的行話來包裝成新聞稿。

這裡有個例子：「希望您一切安好。我想向您介紹○產品，這是一種全新的地點導向戶外數位網路，能夠根據消費者的日常活動，比如午餐享用三明治或下午喝咖啡時，提供在地化且相關的媒體資訊。」這個產品宣傳來自一家專門在熟食店內安裝數位影音廣告看板的公司。為什麼他們不直接這麼說呢？原因很簡單，這樣太直白了，人們通常害怕簡單的表達。這並不是唯一的例子，該網站每天都會更新，展示來自不同規模的公關公司和企業的文宣。蘋果公司的文案很少出現在該網站上，因為蘋果新聞稿和賈伯斯的演講一樣，都是用對話式語言講述故事。

如該網站的標語所述：「好提案隱身在故事中，壞提案則會成為議論焦點」。

你的聽眾和觀眾會試圖為你的產品歸類，以便在腦海中建立清晰的定位。你應該為他們建立一個明確的品牌定位，如果不這麼做，就會讓他們的大腦過度運作。根據埃默里大學（Emory University）神經經濟學者格雷戈里‧伯恩斯的說法，大腦不想消耗太多能量，這代表不願意花太多精力去理解別人想要表達的意思。他指出：「效率原則有重大的影響，這代表大腦只

要一有機會就會選擇走捷徑。」²⁰ 類比就是這類的捷徑。

沒有什麼比用流行口號和複雜表達更能徹底摧毀你的產品宣傳效果，用一長串華麗的字眼，非但無法打動任何人，反而會讓人昏昏欲睡、無意成交，阻礙你的事業發展。清晰、簡潔、有活力的語言能夠幫助你把潛在客戶轉化為實際顧客，使他們變成品牌的狂熱信徒。

用你精選的詞彙來取悅顧客，激發他們的大腦分泌多巴胺，讓他們每次想到你和你的產品時都能產生好感。如果他們迷失在語言迷霧中，就無法理解你的願景或分享你的熱情。

趣味職稱

顧客是你最忠實的品牌信徒。Cranium 創辦人理查‧泰特是我的客戶，有一次他告訴我，他沒有打任何廣告就售出一百萬套遊戲，完全靠口碑，「永遠不要忘記，顧客就是你的行銷團隊。」

泰特稱他的顧客為「Craniacs」（編按：結合 Cranium 和 Maniacs〔狂熱分子〕），既然買遊戲的粉絲就是要享受樂趣，他決定公司在各方面都應該帶點俏皮色彩，從職位名稱開始，Cranium 的員工可以自行創造自己的職位名稱，例如泰特的頭銜並不是 Cranium 執行長，而是「大頭目」（Grand Poo-Bah），這可不是開玩笑的，名片上真的這麼寫。

你或許認為這有點荒謬，但告訴你，我第一次走進該公司位於西雅圖的總部時，感受到一股前所未有的趣味、熱情和投入，那種氛圍我至今再也沒有體驗過了。

導演筆記 DIRECTOR'S NOTES

▶▶ 簡化文案內容，刪除冗贅的表達、流行口號和專業術語，請修訂、修訂、再修訂。

▶▶ 利用 UsingEnglish.com 工具檢查段落，看看「詞彙密度」如何。

▶▶ 遊戲於文字中，用最高級或生動的形容詞來表達你對產品的熱愛也沒關係。賈伯斯曾說過，麥金塔螢幕按鈕設計得這麼誘人，讓人看了「想舔一口」，這就是自信的展現。

第11景 》》
與人分享舞台

不要受過去牽絆,勇敢出發,創造非凡吧!
——羅伯特・諾伊斯(Robert Noyce,英特爾共同創辦人)

在 2006 年 1 月 10 日的 Macworld 大會上,賈伯斯宣布新一代 iMac 將成為第一款搭載英特爾處理器的蘋果電腦。早在前一年,賈伯斯曾宣布蘋果的「大腦移植」工程將於 2006 年 6 月開始啟動,1 月 10 日那天他告訴觀眾他要更新進度。開場時,舞台中央冒起乾冰煙霧,一名男子走了出來,身穿英特爾超潔淨微處理器製造廠著名的無塵衣兔裝,手裡拿著一片薄薄的圓形矽片,正是製造晶片所用的晶圓。他走到賈伯斯面前握手致意。舞台燈光亮起,觀眾才發現,穿著兔子裝的竟然是英特爾執行長保羅・歐德寧(Paul Otellini)。

「史蒂夫,我想報告一下,英特爾已經準備好了,」歐德寧說道,同時將晶圓交給賈伯斯。「蘋果也準備好了,」賈伯斯回應:「我們合作的時間還不到一年,這一卻切得以實現。」賈伯斯告訴觀眾,「我們的團隊共同努力,在極短時間內達成這個目標。看到我們工程師如此緊密合作,讓一切

進展得這麼順利,實在不可思議。」[1] 歐德寧也向蘋果團隊表示讚揚。兩人談論了這項成就,再次握手,歐德寧離開舞台。隨後,賈伯斯轉向觀眾,揭示驚喜:蘋果將推出第一款搭載英特爾處理器的 Mac,不是在原定的六月,而是**今天**。

很少有公司像蘋果一樣與創始人如此密不可分,然而,賈伯斯本人很樂意與員工和合作夥伴共享舞台榮耀。賈伯斯的簡報很少是獨角戲,他都會邀請在敘事中發揮著關鍵作用的角色共同亮相。

與賈伯斯同台的合作夥伴中,微軟創辦人比爾・蓋茲是最令人意外的一位。1997 年,在波士頓的 Macworld 博覽會上,當時剛回歸蘋果擔任代理執行長的賈伯斯告訴觀眾,為了讓蘋果恢復健全體質,必須重新檢視某些關係,他宣布微軟的 Internet Explorer 將成為麥金塔的預設瀏覽器,而微軟也將向蘋果提供一億五千萬美元的戰略投資,此時,他介紹一位將透過衛星直播亮相的「特別嘉賓」。比爾・蓋茲出現時,現場響起了些許歡呼聲,也有不少噓聲。蓋茲發表幾分鐘演說,真誠地讚揚蘋果的成就。

賈伯斯回到舞台上,知道許多觀眾感到不滿,便以嚴父般的口吻對提醒觀眾,敦促大家接受這段關係,他說:「如果我們想要追求進步,看到蘋果蓬勃發展,就必須放下『蘋果要成功,微軟就得失敗』的心態。」賈伯斯表示:「如果我們搞砸了,責任不在別人,而在我們自己⋯⋯如果我們希望 Mac 電腦上有微軟 Office,就應該對提供產品的公司表達感激之情。」[2]

人們常說,偉大的演員總是很願意「付出」,幫助其他演員在場景中發揮出更好的表現。當賈伯斯在舞台上介紹另一位人物時,無論是員工、合作夥伴或是像蓋茲這種昔日對手,他都毫不保留分享舞台。為了整場演出的成功,每個角色都需要發光發熱。

大腦渴望變化，將舞台交給擅長的人

大腦對無聊的事物不感興趣，這章要談論的絕不是說賈伯斯枯燥乏味，正好相反。然而，人的大腦總是渴望變化，即使是再流利出色的演講者，也無法長時間吸引觀眾，總會有人開始偷看手錶，優秀的演講撰稿人早就明白這個道理，甘迺迪、雷根和歐巴馬等總統撰寫的演講稿通常不會超過二十分鐘。賈伯斯的主題演講通常都持續更長時間，大約一個半小時，但賈伯斯會融入示範操作、影片片段，還有最重要的是，邀請嘉賓上台講話，使整場簡報生動有趣。

2008 年 10 月，蘋果推出機身是以整塊鋁材精心打造而成的新款 MacBook 筆記型電腦，這項創新設計使蘋果的筆電比以往更輕巧且堅固。賈伯斯說：「來談談筆記型電腦，我們想分享一些技術突破與發現，幫助我們以全新的方式製作筆電。」[3] 然而，賈伯斯並未親自說明這個新製程，而是邀請蘋果當時擔任設計部門資深副總裁（後來成為設計長）的強尼·艾夫上台講解。

艾夫走上台，賈伯斯退居一旁坐下，由艾夫為觀眾帶來一場六分鐘的筆電設計速成講座。他解釋這個創新工藝如何讓蘋果從一塊一公斤重的鋁材開始，逐步雕琢成最後只有四分之一重量的機身外殼，最終打造出更堅固、更輕薄的電腦。賈伯斯回到舞台上，感謝艾夫的精彩分享，也再次強調這段內容的核心主題：「打造筆記型電腦的全新方式」。

雖然賈伯斯深入參與蘋果的各個層面，但他也很清楚自己不擅長的領域，樂於與其他人分享舞台，讓專業人士發揮，這些人物為發表會增添了可信度和吸引力。

最佳銷售利器

賈伯斯在蘋果推出線上影片出租服務時，揭曉了參與 iTunes 線上租片的合作影業名單，其中包含眾多業界巨頭，如 Touchstone、Sony、MGM、環球影業、迪士尼等。然而，蘋果也面對不少質疑，因為早已有百事達和 Netflix 等強勁的競爭對手。

蘋果的賭注是，人們會希望能在電腦、iPod、iPhone 或透過 Apple TV 在大螢幕電視上觀看電影。為了讓這項計畫更具說服力，賈伯斯邀請蘋果的一位重要合作夥伴同台。

賈伯斯表示：「我們得到所有主要影視公司的支持，第一家簽約的是二十世紀福斯（Twentieth Century Fox），我們與福斯建立了非常好的合作關係。我很榮幸向大家介紹二十世紀福斯的董事長兼執行長吉姆・賈諾普洛斯（Jim Gianopulos）。」

賈諾普洛斯興奮地走上舞台，談到人們的期待：精彩的影片、容易搜尋、便利性、隨心所欲觀看的自由，以及能夠隨身攜帶電影。賈諾普洛斯表示：「史蒂夫向我們提出這個構想時，我們完全不需要多考慮，這是我們聽過最令人興奮、最酷的點子。租影片不是什麼新鮮事，然而，就像音樂有了 iPod、手機有了 iPhone 一樣，蘋果總是以直觀、富洞察力和創新方式行事，這次他們將徹底改變出租模式，我們對此感到無比興奮，對於雙方的合作關係也非常滿意又自豪。」[4]

賈諾普洛斯為賈伯斯提供了企業最佳的銷售利器，也就是客戶背書，最重要的是，他們兩人一同站在舞台上。引用客戶推薦固然不錯，讓客戶或合作夥伴親自同台支持，效果會更勝一籌。

客戶購買的首要原因

　　客戶花錢總是精打細算，在經濟不景氣的時期更是如此，對每一筆花費都會嚴格審視。潛在客戶不想成為試驗對象，你的產品必須一分錢一分貨，例如幫助客戶節省開支、創造收益，或是提供能更有效運用資金的工具。客戶的推薦和背書具強大的說服力，正如之前提到的，口碑是影響購買決策的頭號因素。

　　成功的企業都知道，有一群信譽良好且滿意度高的客戶，是銷售成功的關鍵，有些公司甚至會指派專員負責收集案例研究，分發給潛在客戶。雖然大多數小企業主沒有經費聘請一位「案例研究專員」，但他們可以向全球成功的企業取經，而且不必花太大力氣。其中一個有效的策略就是借鑑蘋果公司的經典手法，邀請客戶同台亮相，無論是親自現身、錄製影片都可行，或至少引用他們的經驗分享。

　　別忘了媒體的影響力，在發表會上引述媒體對你產品的讚譽，效果也相當不錯。賈伯斯與媒體的關係可說是愛恨交織，但在簡報場合，他對媒體就充滿善意。2008 年 Macworld 大會開場的幾分鐘，賈伯斯宣布，最新版本的 OS X 作業系統 Leopard 在發布後的前三個月內銷售了五百萬份，創下 OS X 系列歷來最成功的發行紀錄，他還特別強調 Leopard 在媒體中也大受好評，他說：「媒體很捧場，這不僅是商業上的成功，也得到各大媒體高度評價。」[5] 賈伯斯現場分享科技專業人士的評論，螢幕上顯示出引述的文字。以下是一些媒體評價及其來源：

- 在我看來，Leopard 比 Vista 更出色、更快速。──《華爾街日報》華特・莫斯伯格

- Leopard 強大、精緻，也經過精心設計。──《紐約時報》大衛・波格
- Leopard 讓蘋果的作業系統在美學和技術上都擴大了領先優勢。──《今日美國》艾德・拜格
- 對絕大多數消費者而言，這無疑是有史以來最出色的作業系統。──《個人電腦雜誌》（PC magazine）艾德・蒙德爾森（Ed Mendelson）

最後一則引述引發一陣笑聲，PC magazine 竟然會對 Mac 讚譽有佳，這種反差讓觀眾忍不住笑了。讀出媒體正面評價是賈伯斯簡報中常用的手法，雖然美國人普遍將記者列為最不值得信任的專業人士之一（只比政客高一級），但來自頂尖媒體或部落客的正面推薦還是很有影響力，能讓買家相信自己做了明智的選擇。

　　成功的企業在發表引人注目的新產品時，通常都會先與一群合作夥伴進行評測，而這些人會同意公開為產品背書，或將評測結果分發給媒體和有影響力的專業人士。這樣的安排能讓公司立即獲得參考資料、背書和口碑。客戶需要一個信賴你的理由，希望將接受新產品或服務的風險降到最低。讓專家、客戶或合作夥伴見證你產品的效能，有助於化解客戶參與新品的心理門檻。

二十一世紀的案例研究

　　案例研究向來是重要的行銷工具，大多數人對企業網站上的白皮書或簡單的案例研究並不陌生，但隨著影音製作和傳播的成本大幅下降，一些創新公司開始利用 YouTube 來展示客戶見證。製作一段低成本的

客戶推薦影片上傳到 YouTube，效果不亞於精美的行銷影片。在個人網站上發布影音見證，納入你的簡報中，將為你的敘事增加額外的真實性和可信度。

如果你是企業主或創業者，建立一份推薦人客戶名單非常重要，願意提供見證的客戶其實比不回應的客戶更有價值。找那些願意幫助你開發新客源的客戶，給他們願意推薦你的**誘因**，簡單的作法像是建立更深入的合作關係，對方有問題時能更容易與你或團隊聯繫，其他誘因可能包括提供產品團隊支援、對新設計或產品提供意見、或是幫對方曝光知名度等。

給你的合作夥伴一個參與行銷活動的理由，一旦參與了，就將他們納入你的簡報中。大多數客戶可能無法親自出席你的簡報，但不妨試試別的好辦法：在投影片中加入客戶推薦影片。雖然可能比不上保羅·歐德寧與賈伯斯同台的震撼效果，但或許能讓你在競爭對手中脫穎而出。

該讚揚的就要讚揚

在賈伯斯的簡報中，員工也會是全場焦點。2007 年的 Macworld 將近尾聲時，賈伯斯說道：「我想要特別感謝所有參與這些產品開發的同事們，請所有相關的工作人員站起來，讓我們給予他們熱烈的掌聲，非常感謝大家！我也不能忘記他們的家人，在過去半年來，家人很少見到我們，如果沒有他們的支持，我們不可能做到這一切。我們能夠參與這項非凡的工作，都要歸功於家人的包容，體諒我們為了準備產品發表會，必須要在實驗室裡工作，無法準時回家吃晚飯。你們不知道自己有多麼重要，我們有多麼感激你

們,謝謝你們。」[6]

簡報時很容易把焦點只放在自己和產品上,但不要忘了感謝那些讓這一切得以實現的人,這會讓客戶看到你是個正直的人。而且公開表揚你的員工或同事,可以激勵他們為你更盡心盡力。

最後,賈伯斯也常與觀眾和客戶分享舞台,表達對他們的衷心感謝。他在 2008 年 Macworld 開場回顧過去一年的成就時說:「我想藉此機會表達我們的感謝,我們得到所有客戶的大力支持,真的衷心感激,謝謝你們讓 2007 年如此非凡。」[7] 賈伯斯之所以能與觀眾建立深厚連結,是因為他懂得感謝製造和購買產品的人,他們都是蘋果的重要人士。

賈伯斯甚至與「自己」分享舞台!

賈伯斯是唯一能邀請到另一位賈伯斯上台的人。1999 年,電視劇《急診室的春天》(ER)裡的諾亞·懷利(Noah Wyle)換下醫生服,穿上藍色牛仔褲,在電影《微軟英雄》(Pirates of Silicon Valley)中扮演賈伯斯。那一年紐約的 Macworld Expo 上,懷利搞笑地出現在台上,為主題演講揭開序幕。乍看之下(特別是坐在遠處的觀眾),他看起來就像賈伯斯:身穿藍色牛仔褲、黑色高領衫和運動鞋。懷利的舉止和姿態也像極了賈伯斯,甚至還用了賈伯斯經典語句:「這將是一次精彩的 Macworld,有一件大事發生,蘋果再起。今天你們將看到了不起的新產品!真的是無與倫比了不起的新產品!」當真正的賈伯斯出現時,觀眾爆發出瘋狂的掌聲。

賈伯斯跟懷利開心地互動,取笑他模仿得還不夠像,他親自向懷利示範該怎麼學他的動作、語氣和走路方式,才能模仿得更到位。

賈伯斯對觀眾說:「我邀請諾亞來到這裡,是為了讓大家看看我真正

的樣子，因為他比我還更像我！」

懷利表示：「謝謝，我很慶幸你沒有因為這部電影而生氣。」

賈伯斯回答：「我怎麼會生氣呢？那只不過是一部電影。」他接著開玩笑說：「不過，如果你真的想彌補我的話，不如在《急診室的春天》裡安排個角色給我吧。」[8]

這段對話引發哄堂大笑，也顯示出賈伯斯很能開自己玩笑。我至今還沒見過任何一位演講者能與自己同台的！

導演筆記 DIRECTOR'S NOTES

▶▶ 在推出新產品或新服務時，務必要有試用過產品的客戶願意為你的產品見證。媒體好評也會很有幫助，尤其是來自知名刊物或熱門部落格的評價。

▶▶ 將客戶推薦納入簡報當中。最簡單的方法是錄製客戶談論產品的影音，剪輯成不超過兩分鐘的內容，然後嵌入你的簡報投影片中。

▶▶ 要經常在公開場合向員工、合作夥伴和客戶表達感謝之意。

第12景 ▶▶

善用示範道具

> 賈伯斯將 Macworld 的主題演講打造成萬眾矚目的盛事，這是為全球媒體精心策畫的行銷劇場。
>
> ——利安德・卡尼（Leander Kahney，報導蘋果逾十年的專欄記者）

業界觀察家認為，蘋果於 2008 年 10 月 14 日推出的 MacBook 系列，重新定義了筆記型電腦的設計，如前一章所述，賈伯斯邀請蘋果設計師強尼・艾夫上台解釋這款電腦的製造過程。新款 MacBook 用一塊鋁合金打造一體成型的機身，乍聽之下似乎不特別引人注目，但卻是一項工程壯舉，製造出更輕薄、更耐用，而且看起來比前一代產品更酷炫的筆電。在 10 月的發表會中，約二十五分鐘後，賈伯斯開始介紹新型鋁製機身，他原本可以簡單描述或展示幾張照片就好，但賈伯斯就是與眾不同，表現得更出色，將簡報轉化成一場親身體驗，讓現場的分析師和記者親眼見證並觸摸這台機身。

「這就是一體成型機身的樣子，看起來特別美，」賈伯斯一邊說一邊展示手中的樣品。「結構更加堅固、強韌，實在是太酷了，我希望大家都可以親眼見識。或許我們能把燈打開，我想讓大家傳閱樣品，體驗它的美觀和高科技感。」

這時蘋果的工作人員出現在每排座位末端，將鋁合金機身樣品分發給觀眾，讓他們傳遞檢視。正當觀眾在親手感受、仔細觀察機身時，賈伯斯開玩笑說：「我們還是需要收回來喔！」引起全場一片笑聲。接下來的六十秒內，賈伯斯一言不發，讓產品展現自身的魅力。

接著賈伯斯彷彿化身為美式足球傳奇教練兼主播約翰·馬登（John Madden），在觀眾檢視樣品之際提供生動的解說：「數百位工程師投入好幾個月的心血，才研發出如何設計這些產品，並以符合經濟效益的方式生產，這是工程上的一大壯舉。」

接下來的三十秒鐘賈伯斯保持沉默，直到每位觀眾都親手觸摸到機身後，他才總結道：「這就是精密的一體成型機身，各位是第一批親手接觸到這產品的人。」[1] 然後機身介紹告一段落，接著轉向說明新筆電的其他特點。透過運用道具，賈伯斯將原本可能很枯燥的解說，變成一個有趣的多重感官體驗。

川崎式簡報示範法則

賈伯斯在每場簡報中都會利用舞台道具，通常是在示範時使用。蓋伊·川崎在《麥金塔之道》（*The Macintosh Way*，暫譯）一書中指出，優秀的溝通者懂得如何提供精彩的示範：「正確的示範不需要花太多成本，卻能有效對抗競爭對手的行銷和廣告攻勢。一場精彩的示範能讓消費者了解你的產品，知道擁有產品的好處，進而採取行動。」[2]

川崎描述精彩示範的五大特質包括：

- **簡短**：好的示範不會讓觀眾無言以對。

- **簡單**：好的示範簡單易懂，「傳達一兩個關鍵訊息即可。主要目標是讓內容足以引起觀眾的興趣，又不至於讓他們感到困惑。」[3]
- **吸引人**：好的示範能「展示最吸引人的功能，並突顯你的產品與競爭對手的區別。」更重要的是：「你必須提出真正實用的功能。設想每次你展示一項功能時，都會有觀眾問『那又怎樣？』」[4] 這個設想能幫助你展示產品實用的一面。
- **快速**：好的示範節奏快速，「任何內容都不應持續超過十五秒。」[5]
- **實質作用**：好的示範清楚地展示產品如何解決觀眾面臨的實際問題，「顧客希望透過產品解決某些需求，因此會想知道如何運作。」[6]

如本書第 9 景所述，賈伯斯在 2008 年 10 月蘋果全球開發者大會上發布 iPhone 3G 時，完全符合川崎列出優質示範的所有條件。這款手機是對第二代（2G）無線數據網路的升級，支援更快速的 3G 行動網路。表 12.1 中，左欄列出賈伯斯在示範操作時說的話，右欄描述投影片同步顯示的內容。[7] 透過表 12.1 的簡短示範，賈伯斯充分展現了川崎定義的精彩示範標準：

- **很簡短**。EDGE 對比 3G 速度的示範時間不到兩分鐘。
- **很簡單**。直接在智慧型手機上比較網站的載入速度，還有更簡單的作法嗎？這就是整場演示最複雜的地方了。
- **很吸引人**。賈伯斯讓 3G 網路與主要競爭對手 EDGE 系統正面對決。
- **很快速**。整個示範節奏明快，賈伯斯在關鍵時刻保持沉默，成功營造戲劇效果。
- **有實質作用**。突顯實際問題：等待圖片滿滿的網站完成載入的過程太漫長折磨。這個示範解決了這個困擾。

表 12.1 賈伯斯 2008 年在蘋果全球開發者大會的精彩示範

賈伯斯的口說內容	投影片同步顯示的內容
「為什麼需要 3G？當然是為了加快資料下載速度，而你最需要的就是快速瀏覽網頁和下載電子郵件附件。」	兩個圖示照片：一個是網際網路，另一個是電子郵件
「那麼，先來看瀏覽器。我們準備了一支 iPhone 3G，在相同的地點、相同的位置，分別用 EDGE 系統和 3G 網路載入同一個網站頁面。」	iPhone 手機載入網站的對比動態影像：左右兩邊分別顯示用 EDGE 系統和全新 3G 網路載入「國家地理」網站頁面的情況
「讓我們看看結果如何」。【賈伯斯靜靜等候，看著螢幕上持續載入網頁的兩個畫面；這個網站包含了大量圖片和複雜的版面。】	兩支 iPhone 正在載入網頁的畫面
「3G 下載只用 21 秒【賈伯斯又靜靜多等了 30 秒，他雙手交叉在胸前，微笑地看著觀眾，逗得全場大笑】，EDGE 花了 59 秒。相同的手機，相同的位置：3G 的速度快了 2.8 倍，幾乎跟 Wi-Fi 一樣快，這速度快得驚奇！」	用 3G 網路的手機網站頁面已經載入完畢，而用 EDGE 系統的手機仍在載入中

劃時代的示範

在賈伯斯的每一場簡報中，示範操作和道具都發揮了重要作用，其中一些更具劃時代意義。他在 2007 年 Macworld 開場時說道：「今天我們要創造歷史。」這次創造歷史的事件就是 iPhone 首次亮相。

「我們要重新定義手機，」賈伯斯表示：「我想要向大家展示四個功能，包括應用程式、照片、行事曆和簡訊（兩支手機之間的文字訊息），這

些都是大家在一般手機上會看到的功能，但我們將以完全不同的方式呈現，所以，讓我們來看看吧。」一如既往，賈伯斯走到舞台右側（觀眾的左邊）坐下來進行示範，讓觀眾可以清楚看到螢幕。

「各位看到手機左下角的圖示了嗎？我只要輕點一下，啪，立刻進入電話應用程式。現在我在通訊錄頁面，要怎麼查看聯絡人呢？我只要滑動瀏覽就行了。假設我想打個電話給強尼・艾夫，我只要點這裡，就可以看到他的聯絡資訊，如果要跟他通話，只要直接點他的號碼，我現在就撥打他的手機。」電話響起，艾夫接聽並打了招呼。

賈伯斯接著說道：「經過兩年半的努力，我無法形容自己有多興奮能用 iPhone 打出第一通公開電話。」這時候，蘋果的企業行銷資深副總裁菲爾・席勒（Phil Schiller）打電話進來，賈伯斯把艾夫置於保留線，再將兩位來電者合併，操作一鍵會議功能。

賈伯斯接著又介紹了 iPhone 的簡訊功能和內建的照片管理工具，「這是最酷的照片管理應用程式，在手機上無人能敵，甚至可能是有史以來最棒的。」隨後，賈伯斯展示如何在照片庫中用手指放大、縮小和移動照片，「挺酷的吧？是不是很厲害呢？」[8] 賈伯斯像是糖果店裡的孩子，對新功能的興奮溢於言表。

享受示範的樂趣

別忘了享受示範要充滿樂趣，賈伯斯當然做到了。他在 iPhone 示範的最後，展示如何使用 Google 地圖，他搜尋會議舉行所在地莫斯康中心西館（Moscone West）附近的星巴克，手機上顯示出一連串的星巴克店家，賈伯斯說：「打個電話給他們吧。」一名星巴克員工接起電話：「早安，這裡是

星巴克，有什麼要服務的嗎？」

賈伯斯回應：「對，我想點四千杯拿鐵咖啡外帶，謝謝。沒有啦，開玩笑的！我打錯電話了，再見。」[9] 這段對話引起全場哄堂大笑。賈伯斯真的打了通惡作劇電話給星巴克，他在展示新產品時樂在其中，這份熱情從舞台上迸發出來，感染在場每一個人。正是因為他自己享受樂趣，大家才這麼喜歡看他表演。

另一個賈伯斯樂在示範中的典型例子是在 2005 年 10 月 12 日，賈伯斯介紹 Photo Booth 的功能時，拍了一些有趣的自拍照。這是一款利用網路攝影機拍攝照片和影片的軟體應用程式。

「現在我想為大家展示一下 Photo Booth，」賈伯斯說：「這是個非常有趣的拍照方式。我只要按一下，就可以自拍照片。」賈伯斯對著電腦內建的網路攝影機微笑了幾秒鐘，照片便顯示在螢幕上。他說：「是不是很棒？我再給你們看一些很酷的效果。」隨後賈伯斯又運用比如熱像技術、X 光和安迪・沃荷風格等特效拍了一些滑稽照片。「還有更精彩的呢，」賈伯斯一邊微笑，一邊搓著雙手說道：「我們決定加入青少年效果。」[10] 他繼續自拍，軟體將他的臉做出擠壓、拉長或其他搞笑的變化。觀眾爆笑，而他自己也玩得不亦樂乎。

▶▶ 義大利電視節目主持人的豐富演示

我總是注意那些像賈伯斯一樣勇於挑戰傳統，能以創新方式吸引觀眾的溝通者。我很少看到有比義大利企業家兼電視主持人馬可・蒙特馬尼奧（Marco Montemagno）更善於運用道具的人。

蒙特馬尼奧經常針對網路文化議題發表談話，向義大利人解釋為什麼應該擁抱網路，不必畏懼。他在羅馬、米蘭和威尼斯等地，向多達三千人的團體演說，由於大多數聽眾都是網路新手，他的語言簡單易懂（當然，前提是你懂義大利語）。他的投影片都很簡潔、直觀，通常只用圖片、動畫和影片。然而，蒙特馬尼奧真正與眾不同之處在於，他運用的各種道具和示範數量多得驚人。

以下是他炒熱現場氣氛遵循的三大原則：

1. **讓觀眾參與互動**：蒙特馬尼奧會在觀眾入座前發放紙和筆，在演說過程中，他會要求觀眾轉向身邊的人，在三十秒內勾勒出對方的肖像，之後請大家寫下自己最喜歡的歌曲、電影等，然後互相傳遞紙張，直到每張紙經手過五個人，最後每個人都會帶走一張曾經屬於別人的紙張。這個活動的主要用意在，展示訊息如何在人群網絡中流通。

2. **邀請人上台**：在演說過程中，蒙特馬尼奧有時會邀請觀眾上台參與互動。有一次他請自願者上台摺一件T恤，大多數的人會花二十秒左右，以傳統方式摺好衣服，完成後他會播放一段很受歡迎的YouTube影片，示範如何在五秒之內快速摺好衣服，隨後蒙特馬尼奧也親自操作，在觀眾的歡呼聲中完成。他的目的是要強調，網路不僅能提供精深的知識，也能讓日常瑣事變得更輕鬆。

3. **在舞台上發揮個人技能**：蒙特馬尼奧曾是世界級的桌球好手，他將這項本領融入到自己的演說中。他邀請另一位專業選手上台，兩人輕鬆自如地打著桌球，過程中，蒙特馬尼奧戴著無線耳麥，將桌球與網路作比較。

賈伯斯將簡報提升到藝術層次，但大多數人很少有機會能像他那樣推出這麼具革命性和影響力的電腦產品。正因如此，我們更應該像蒙特馬尼奧一樣探索全新、有趣的方式來吸引觀眾。

如欲觀看蒙特馬尼奧活動現場片段，請造訪他的 YouTube 頻道：youtube.com/user/montymonty。

專注於一件事

每一款新的蘋果產品或應用程式都有許多優點和功能，但賈伯斯經常只強調其中一個。這就像是電影預告片，只透露最精彩的片段來吸引觀眾，如果觀眾想要完整的體驗，就必須去看整部電影。

在 2007 年 10 月的蘋果全球開發者大會上，賈伯斯大部分時間都在介紹 OS X Leopard，但是正如他一貫的作法，他還會給觀眾「還有一件事」的驚喜。賈伯斯介紹 Windows 版的 Safari，稱它是「世界上最創新的瀏覽器，現在也是 Windows 上最快的瀏覽器」。在告訴觀眾他要展示這個新的瀏覽器後，他走到舞台右側，坐在電腦前開始示範，他透露說，他最想炫耀的是 Safari 相較於 Internet Explorer（IE 7）的驚人速度。

示範畫面顯示了並排的兩個瀏覽器，賈伯斯在兩者同時載入多個網站。Safari 用 6.64 秒完成這項任務，而 IE 7 則花了 13.56 秒才完成相同的任務，賈伯斯總結道：「Safari 是 Windows 上最快的瀏覽器。」[11] 整個示範過程不到三分鐘，本來可以更久，但賈伯斯選擇專注一個功能，而且只集中展示這個重點，他並沒有讓觀眾感到資訊過多，就像他在投影片中去除多餘訊息一樣，他的示範操作也一樣簡單明瞭。

蘋果 2006 年在 GarageBand 中新增一個 podcast studio 功能，這是 iLife 應用套件中的一個工具，旨在讓用戶輕鬆建立和分享多媒體內容。賈伯斯說：「我們在 GarageBand 中新增了許多精彩的功能，但今天我要集中示範其中一個，也就是我們在 GarageBand 中加入的 podcast studio。我們認為 GarageBand 如今將成為世界上最好的 podcast 製作工具，這真的很棒，讓我來為各位示範。」

賈伯斯走到舞台右側坐下來，並用四個步驟製作了一個簡短的 podcast。首先他錄製了一段音訊，過程中玩得不亦樂乎，甚至因為觀眾的反應讓他忍不住大笑而中斷了第一次的錄音，然後才重新開始。他錄製的內容如下：「嗨，我是史蒂夫，歡迎收聽我的每週 podcast 節目《超級祕密蘋果傳聞》，本集節目將帶來蘋果公司最熱門的傳聞。我有蘋果內部的可靠消息來源，我聽說下一代 iPod 會是個大驚喜，重達 8 磅，配備 10 吋螢幕！好啦，今天就到此為止，下週再見。」

在完成這段俏皮的錄音後，賈伯斯向觀眾示範接下來的三個步驟，詳細展示了該如何添加藝術封面和背景音樂。完成之後，他在播放這一段 podcast 的時候說道：「很酷對吧？這就是如今已內建在 GarageBand 的 podcast studio。」[12]

賈伯斯對 podcast studio 的示範固然令人印象深刻，但 2005 年首次發布 GarageBand 時的表現更讓人驚豔：「今天我們要宣布很酷的一件事：iLife 家族將迎來第五款應用程式，名稱為 GarageBand。什麼是 GarageBand 呢？GarageBand 是一款全新的專業音樂工具，但適用於每個人。我不是音樂人，所以我們請了一位朋友，約翰・梅爾（John Mayer，編按：美國創作搖滾樂手）來協助示範。」[13] 賈伯斯坐到了電腦前，梅爾則坐在連接到 Mac 的迷你鍵盤前。梅爾在彈奏時，賈伯斯一邊在處理聲音，將鋼琴音色轉換為低

音、合唱、吉他和其他樂器等音效，接著他錄製多條音軌，營造出如樂隊演奏般的效果。賈伯斯仔細解釋每一個操作步驟，向觀眾示範如何輕鬆創造錄音室般的音樂。

　　賈伯斯顯然為這次的示範排練了好幾個小時，因為他看起來就像是一位專業的音樂人。然而，賈伯斯也很清楚自己的不足之處，有時候像 GarageBand 這類產品，找一位能直接吸引目標觀眾的外界人士來幫忙，才是更明智的選擇。

沒有約翰‧梅爾也行

　　你當然未必能邀請到約翰‧梅爾來為你的簡報助陣，但你可以想一些創意方式來吸引你的目標受眾。我曾在舊金山看過一位企業家向風險投資人介紹他的全新網路服務，該服務是針對青少年市場，由一位四十多歲的企業家來示範顯然不太合適。於是，這位創辦人介紹了公司後，將示範環節交給兩位青少年（一男一女），由他們分享自己對網站的使用體驗和最喜愛的功能。這個示範方式別出心裁又很引人入勝，最終也大獲成功。

為線上會議增添亮點

　　如今受歡迎的線上「網路研討會」和協作工具，包括 WebEx、Citrix GoToMeeting、Adobe Connect 和微軟 Office Live Meeting，讓你能為示範操作增添一些高科技的趣味亮點。比方說，你可以建立問卷調查並立刻收到回饋；行銷人員可以透過電腦即時示範產品，在螢幕上

繪製、標注或指向特定區域；更棒的是，還可以將滑鼠控制權交給遠端客戶或潛在客戶，讓對方能看到、觸碰並「感受」產品。無論是在現場還是線上的簡報，示範都是不可或缺的元素。

驚奇元素

在 2005 年的蘋果全球開發者大會上，賈伯斯宣布將從 IBM ／ Motorola 的 PowerPC 處理器轉向英特爾處理器，這是一項傳聞已久又令人意外的重大轉型，開發商都大感震驚。

賈伯斯坦誠，其中的一大挑戰就是確保 OS X 能在英特爾處理器上高效運行。與觀眾互動時，他幽默地告訴大家說，OS X 過去五年一直過著「雙面人生」，祕密地開發成可同時運行在 PowerPC 和英特爾處理器上的操作系統，「以防萬一。」賈伯斯說，結果是 Mac OS X 如今「在英特爾處理器上運行得如魚得水」。

接著他出其不意地對觀眾說：「事實上，我剛才用的這個系統……」他的聲音戛然而止，露出意味深長的微笑，當觀眾終於反應過來這個操作系統用的正是全新的英特爾處理器時，全場爆出笑聲。「讓我們來看看吧，」賈伯斯說著，走向舞台一側，他坐下來開始示範許多常見的電腦任務，如行事曆功能、電子郵件、照片管理、網頁瀏覽和影片播放等，各項操作都快速流暢且輕鬆完成。最後，他以一句：「這就是在英特爾處理器上運行的 Mac OS X。」[14] 結束了這兩分鐘的示範操作。

2007 年 iPhone 發布時，賈伯斯也提供了一場令人難忘的示範，他向觀眾展示如何用 iPhone 收聽自己最喜愛的音樂，現場播放了一首他最喜愛的

嗆辣紅椒合唱團（Red Hot Chili Peppers）的歌曲。此時，一通電話打斷了音樂，手機顯示蘋果公司市場行銷資深副總裁菲爾・席勒的照片，賈伯斯接聽電話，與站在觀眾席的席勒開始對話，席勒要求傳一張照片。賈伯斯找到照片，以電子郵件寄出，隨後繼續享受他的音樂。

賈伯斯是一個表演大師，融入了恰到好處的戲劇元素，使產品的每個功能都更加生動展示出來。

連結三種學習者

示範操作有助於講者讓各種學習類型的觀眾產生情感共鳴，分別是視覺型、聽覺型和動覺型學習者。

- **視覺型**：大約 40% 的人屬於視覺型學習者，擅長透過「看」來學習，這些人較易記住帶有強烈視覺效果的資訊。想吸引這類的學習者，應避免在投影片上塞滿文字，建議採用簡潔的設計，以圖片為主、文字為輔。切記：人們只有對引起內心共鳴的資訊才會付諸行動，否則，很難產生連結或留下印象，而視覺型學習者是透過「看」來建立連結的。
- **聽覺型**：這些人透過「聽」來學習，大約 20% 到 30% 的觀眾是屬於這類型。這類學習者對口語和修辭技巧特別有體會（在第三幕中將探討這類技巧），不妨透過分享個人故事或列舉生動實例來強化你的關鍵訊息。
- **動覺型**：這些人會透過實作、活動和觸摸來學習，簡而言之，他們是「親身參與型」學習者。長時間的聆聽很容易讓他們感到枯燥乏

味,因此要在簡報中安排活動,以吸引動覺型學習者的注意力,例如傳遞實物(像賈伯斯展示鋁合金機身那樣)、書寫練習、或是邀請觀眾參與演示。

▶▶ 執行長的得力助手

思科系統的吉姆‧格拉布(Jim Grubb)是執行董事長兼前任執行長約翰‧錢伯斯的得力助手,他的正式職稱是「副總裁、新興技術與產品示範總長」。錢伯斯的每場發表會幾乎都有現場示範,而格拉布是錢伯斯每年約六十場活動的得力助手,這些現場示範都非常獨特,令人印象深刻。思科會在舞台上重現各種場景,搭配家具和道具:可能是辦公室、零售商店或家庭房間。

在 2009 年拉斯維加斯消費電子展的演示中,錢伯斯和格拉布利用思科的 TelePresence 技術,撥打一通電話給位於數千里外的醫生,透過網路進行醫療評估。這項技術讓你能夠與對方順暢交流,感覺就像面對面一樣。

錢伯斯喜歡開玩笑調侃格拉布,比方說:「吉姆,你很緊張嗎?你看起來有點緊繃哦。」、「沒關係,如果你搞砸了,我就把你開除。」兩人之間的笑話多半是事先設計好的,但還是很逗趣,格拉布總是一笑置之,繼續進行示範,真是完美的捧哏搭檔。

格拉布在大學時修習音樂和戲劇課程,他精湛的表現反映出他的專業訓練。雖然一切看似輕鬆自如,但他和團隊成員花了無數小時在實驗室進行測試和練習,不僅要將複雜的網路技術簡化,讓人能夠在十五分鐘的示範中理解,還要確保操作過程一切順利,免得老闆發火!

導演筆記 DIRECTOR'S NOTES

➤➤ 在簡報的規畫階段就加入產品示範，保持簡短、吸引人、有實質作用，如果能夠邀請團隊其他成員參與示範，會更有幫助。

➤➤ 全心全意投入示範。喜劇演員常說，只有在全心投入時笑話才會好笑，對於產品示範也是如此，尤其是當產品本身具有娛樂價值時。盡情享受示範的樂趣吧。

➤➤ 為觀眾提供多樣化的學習方式，兼顧到視覺型、聽覺型和動覺型學習者的需求。

第13景
揭開驚呼的瞬間

> 人們會忘記你說過什麼、做過什麼,但永遠不會忘記你帶給他們的感受。
>
> ——瑪雅・安吉羅(Maya Angelou,美國詩人)

　　上班族都見過牛皮信封袋,但對大多數人來說,這只是用來寄送文件的物品,而賈伯斯卻將之轉化成令觀眾驚歎的經典時刻。

　　「這就是 MacBook Air,」2008 年 1 月賈伯斯宣告:「如此纖薄,甚至可以放進辦公室裡隨處可見的信封袋裡。」語畢,賈伯斯走到舞台一側,拿起一個牛皮信封袋,從裡面抽出一台筆記型電腦。全場瞬間爆出狂熱歡呼聲,閃光燈此起彼落。賈伯斯就像驕傲的父母炫耀新生兒,高高舉起電腦,讓全場目睹它的風采。他說:「你可以感受到這有多薄,配備完整尺寸的鍵盤和螢幕,是不是很不可思議?這是全球最輕薄的筆記型電腦。」[1]

　　賈伯斯從牛皮信封袋中取出電腦的照片,成為整場活動最受矚目的焦點,被各大報紙、雜誌和網站爭相刊載。這次戲劇性的亮相甚至激發一位創業者的靈感,設計出一款為 MacBook Air 量身打造的保護套,你猜對了,保護套看起來就像牛皮信封袋。

賈伯斯從信封袋中抽出筆電的那一刻，現場響起了一片驚呼聲，可以想像，那天大多數的觀眾心裡都在想，「哇塞，這麼薄！」ABC News 報導：「MacBook Air 有可能徹底改變筆記型電腦產業。這款筆電可以輕鬆裝進普通的辦公用牛皮信封袋，這正是賈伯斯在今年蘋果大會中展示的壓軸好戲。」[2] 這場「壓軸戲」早已經過精心策畫，在賈伯斯將這一幕呈現給觀眾之前，新聞稿早已撰寫完成，網站圖片已設計妥當，廣告也製作好了，展示一隻手從牛皮信封袋中抽出筆電的畫面。這個「驚爆全場」的瞬間是經過精心編排的，好觸動人心，整場發表會猶如一場戲劇表演。

將產品發表會提升到藝術境界

2009 年 1 月 24 日，蘋果的麥金塔歡慶二十五週年。麥金塔在八〇年代重新定義了個人電腦產業，這款配備滑鼠和圖形使用介面的電腦，徹底改變了當時以指令列操作為主的傳統界面，相較於當時 IBM 的產品，麥金塔更容易使用。而麥金塔的推出也成為當年最令人期待的產品發表之一，揭幕儀式是在二十五年前的蘋果股東大會上舉行，地點位於蘋果總部附近德安扎學院（De Anza College）的弗林特中心，2,571 個座位座無虛席，員工、分析師、股東和媒體代表齊聚一堂，充滿期待。

賈伯斯身穿灰色長褲、雙排扣西裝外套和領結，引用他最喜愛的創作樂手巴布‧狄倫的名言，為發表會揭開序幕。在介紹完新電腦的功能後，賈伯斯說：「這些強大的功能都被裝進一個只有 IBM PC 三分之一大小和重量的機殼裡。你們剛剛已經看到麥金塔的照片，現在我想讓大家親眼看看本尊。他指向舞台中央的帆布袋說，接下來在大螢幕看到的所有畫面，都是由那個袋子裡的設備產生的。」

停頓片刻後，他走到舞台中央，從袋子裡取出麥金塔電腦，插上電源，放入一張磁碟片，然後站到一旁。燈光暗下，范吉利斯（Vangelis）譜寫的電影配樂《火戰車》(*Chariots of Fire*)響起，大螢幕開始播放一系列影像（包括麥金塔附贈的 MacWrite 和 MacPaint）。等到音樂漸弱時，賈伯斯說：「我們最近說了很多麥金塔的事，但今天是第一次，我想讓麥金塔自己說話。」此時，麥金塔用數位化的語音開口說話了：

　　「大家好，我是麥金塔，真高興能從那個袋子裡出來。雖然我不習慣在公開場合說話，但我想跟大家分享我第一次見到 IBM 大型主機時想到的至理名言：永遠都不要相信你搬不動的電腦。我現在雖然能說話，但我更想靜靜聆聽。所以，我懷著無比驕傲，向大家介紹一位對我如父親般的人：賈伯斯。」[3] 全場觀眾瞬間沸騰，起立鼓掌，熱烈歡呼。

　　讓麥金塔自己開口說話是很巧妙的手法，成功引起極大關注和報導。二十多年後這段發表會影片被放到 YouTube 上，達數十萬次觀看。賈伯斯創造一個讓人津津樂道數十年的經典時刻，堪稱真正的「壓軸好戲」。

單一主題

　　創造經典時刻的關鍵，就是聚焦於「一件事」，也就是你希望觀眾離開會場後，還能記得的核心主題，完全不必靠翻閱筆記、投影片或演講稿，也能回想起**這件事**，他們或許會忘記大部分的細節，但是絕對會記得自己的**感受**。想想看，蘋果希望你記住 MacBook Air 的那一件事是什麼？答案就是「全球最輕薄的筆記型電腦」，僅此而已。如果需要更多 MacBook Air 的資訊，消費者可以直接去官網或 Apple Store 查詢，而這場發表會的目的在於創造一種體驗，讓這個核心標語變得鮮明具體，打進聽眾的心。

第一代 iPod 要傳遞的關鍵訊息是：把 1,000 首歌裝進口袋。這個訊息很簡單，在簡報、新聞稿和蘋果網站中也都保持一致。然而，它始終只是個口號，直到 2001 年 10 月，賈伯斯才讓這句標語走進生活。

　　劇作家會先鋪設場景再慢慢揭示故事情節，賈伯斯也一樣，他從不在一開場時就透露重磅消息，而是會逐步營造戲劇張力。他在台上介紹 iPod，先慢慢地鋪陳訊息，直到帶來震撼人心的高潮時刻。

　　「iPod 最大的特色是，能夠容納 1,000 首歌曲。」賈伯斯說。

　　「隨身攜帶自己的整個音樂庫，這對聽音樂來說是個重大突破，」（當時有能容納千首歌的裝置並不稀奇，接下來說的才是重磅消息）「但 iPod 最酷的一點是，你的整個音樂庫都能放進口袋裡，攜帶超方便，iPod 只有一副撲克牌的大小。」賈伯斯的投影片顯示了一副撲克牌的照片：「寬 2.4 吋、高 4 吋、厚度不到四分之三吋，這麼小巧，重量只有 6.5 盎司，比大多數人口袋裡的手機還輕，這就是 iPod 的驚人之處，攜帶超方便，這就是 iPod 的樣子。」投影片秀了一系列照片，但賈伯斯還沒有展示實物，「事實上，我現在口袋裡就有一台！」他隨即從口袋裡拿出機子，高高舉起，觀眾為之歡呼，他捕捉到完美的拍照時刻。賈伯斯最後總結道：「這個令人驚奇的小玩意兒能容納 1,000 首歌，而且可以裝進我的口袋裡。」[4]

　　《紐約時報》的頭條寫道：「把 1,000 首歌裝進口袋」。就算是賈伯斯也不能寫下這麼完美的標題，但這竟然正是賈伯斯的傑作！他營造了一場情緒激昂的時刻，讓這句標題深植聽眾的大腦前額葉，激發多巴胺釋放。

思緒便利貼

　　分子生物學家約翰・麥迪納指出：「大腦不會注意到無聊的事情。」而「富情感張力的事件」則能吸引大腦的注意力，麥迪納解釋道：「大腦杏

仁核充滿神經傳導物質多巴胺……當大腦感知到富情感張力的事件時，杏仁核會釋放多巴胺進入系統。多巴胺能顯著提高記憶與訊息處理能力，就好像有一張便利貼在提醒你：『牢記這件事！』」[5]

根據麥迪納的說法，如果你能讓大腦將某個想法或訊息貼上這化學的便利貼，那麼這些內容將會被「加強處理」，也更容易被記住。可想而知，這概念不但適用老師和父母，也同樣適用於商場專業人士！

投下驚喜的震撼彈

賈伯斯於 1977 年回歸蘋果擔任代理執行長，兩年半後，「代理」一詞正式從頭銜中去除。賈伯斯沒有像大多數執行長那樣透過新聞稿宣布這一消息，而是將之轉化為一次值得回味的體驗。

2000 年 1 月 5 日蘋果的一場發表會，兩小時簡報結束時，賈伯斯幾乎是隨口說道：「還有一件事，」但他並未立即揭曉，而是先讓大家充滿期待。他首先感謝簡報中提到的負責網路策略的蘋果員工，並請他們全體起立接受掌聲，他也公開感謝蘋果的圖形設計和廣告公司。最後，才公布這個消息。

「兩年半來，蘋果的每位員工都非常努力。這段期間我一直擔任代理執行長，而我在皮克斯動畫工作室也有另一份我熱愛的執行長職務。我希望經過這兩年半的努力，我們已經向皮克斯的股東證明，或許真的能勝任代理執行長的角色，所以我不會改變在皮克斯或蘋果的任何職責。但我很高興地宣布，從今天起這個頭銜將去掉『代理』這個字。」現場觀眾沸騰了，大家激動地站起來高聲歡呼喝彩。賈伯斯謙虛地表示，蘋果的復興並非他一個人的功勞，最後說道：「你們讓我受寵若驚，我覺得自己很幸運，每天都能和世界上最出色的團隊共事，我代表蘋果所有同仁接受各位的感謝。」[6]

講述令人難忘的故事

令人難忘的時刻不一定非得是重大的新產品發布（畢竟，不是人人都有機會能推出像 iPod 這種突破性的產品），即使是簡單的個人故事，也能令人留下深刻的印象。

我曾經與一家大型有機農產品生產商合作，公司高層當時在準備一場簡報，用了一大堆令人頭昏眼花的統計數字，想證明有機產品比傳統農產品更優越。這些統計數據提供了支持的論點，但沒有引起任何情感共鳴，直到一位農民對我說了這個故事：「卡曼，我以前在傳統農場工作，每次回到家時孩子們想抱抱我，但是不行，爸爸必須先洗個澡，衣服也得先洗乾淨並消毒過才行。如今，我從萵苣田走出來可以直接擁抱孩子們，因為我的身上沒有任何有毒物質能傷害到他們。」幾年過去，我已經不記得這家公司展示的任何統計數據，但我還記得這個故事，這故事成為簡報中最具情感張力的亮點。

開創新局的革命性產品

2007 年 Macworld 發表會進行到第二十六分鐘時，賈伯斯剛介紹完 Apple TV。接著他喝了一口水，慢慢走到舞台中央，靜默了十二秒，然後開始講述故事，引導出蘋果史上最精彩的產品發表會之一。

到目前為止，我們已經討論過這場簡報的幾個要素，包括賈伯斯如何運用宣傳標語和三法則，接下來則檢視這場演講更詳盡的內容。從後頁表 13.1 的摘錄中我們可以看到，賈伯斯並沒有急於揭露這個將顛覆整個業界、改變數百萬人上網方式的消息。[7]

表 13.1 2007 年 Macworld 賈伯斯簡報摘錄

賈伯斯的口說內容	投影片同步顯示的內容
「這是我期待了兩年半的日子。每隔一段時間，就會有劃時代的產品問世，改變一切。在你職業生涯中，如果能參與到其中一個，那真是非常難能可貴。蘋果一直都很幸運，成功推出幾款這樣的產品。」	蘋果商標
「1984 年，我們推出麥金塔，這不僅改變蘋果命運，也改變整個電腦產業。」	麥金塔的全螢幕照片，左上方顯示年份「1984」
「2001 年，我們推出第一代 iPod，這不僅改變我們享受音樂的方式，也改變整個音樂產業。」	第一代 iPod 的全螢幕照片，左上方顯示年份「2001」
「今天，我們將推出三款同樣具革命性的產品。」	回到蘋果商標
「第一款是具備觸控功能的寬螢幕 iPod。」	iPod 的藝術圖像，下方文字：「具觸控功能的寬螢幕 iPod」
「第二款是革命性的手機。」	單獨的電話圖像，下方文字：「革命性的手機」
「第三款是突破性的網路通訊設備。」	單獨的羅盤圖像，下方文字：「突破性的網路通訊設備」
「所以，有三樣東西：具有觸控功能的寬螢幕 iPod、革命性的手機、突破性的網路通訊設備。」	三張圖像同時出現在投影片中，下方文字為「iPod、手機、網際網路」
「一部 iPod、一支手機、一個網路通訊設備。一部 iPod、一支手機，你們明白了嗎？這並不是三個獨立的裝置。」	三張圖片輪轉切換
「而是同一個裝置，我們稱之為 iPhone。」	正中央僅顯示「iPhone」一字
「今天，蘋果將重新定義手機！」	僅顯示文字：「蘋果重新定義手機」

「就像這樣。」【笑聲】	出現一張搞笑的合成圖片：iPod 的照片，但設計師將這個 mp3 播放器的滾輪換成舊式電話的撥號盤

　　笑聲平息後，賈伯斯接下來的簡報時間都用來解釋目前市面上智慧型手機的局限、展示真實的 iPhone、並介紹其主要功能。任何看過整場簡報的人都很可能告訴你，表格中描述的那三分鐘介紹，是整場簡報中最令人印象深刻的部分。

　　仔細觀察賈伯斯如何營造令人期待的氛圍，創造出這種獨特的體驗。他本可以直接說：「接下來我們要介紹的產品叫做 iPhone，這是蘋果首次進軍智慧型手機市場，這就是 iPhone 的外觀。現在讓我詳細說明。」這種介紹很難讓人印象深刻，對吧？相較之下，賈伯斯實際介紹的每一句話都激起觀眾的期待。在賈伯斯概述過去的革命性的產品後，聽眾可能心想，「我很好奇這第三個革命性產品會是什麼？哦，我明白了：賈伯斯要發表三款新產品。太酷了。等等，是三款嗎？哦，天啊，他說的是一個產品啊！所有這些功能都集中在一個產品裡，這我一定得見識一下！」

　　賈伯斯的每一場簡報，無論是重大的產品發表還是小型的宣布，都經過精心編排，總會有一個時刻讓所有人津津樂道。產品是主角，而賈伯斯扮演導演的角色，他是企業簡報界中的史蒂芬‧史匹柏。你對史匹柏的電影印象最深刻的是什麼？他總是有一個場景讓你多年後還是印象深刻，例如《法櫃奇兵》印第安納瓊斯拔槍射殺劍客、《大白鯊》的驚悚開場、或是《E.T. 外星人》中 ET 要求打電話回家等。賈伯斯也以相同方式精心設計了一個關鍵

時刻，成為整場發表會的核心亮點。

賈伯斯的職業生涯中，簡報風格歷經許多變化，包括衣著、投影片和表達方式等都有不同面貌，但有一點始終如一，那就是他對戲劇效果的熱愛。

導演筆記 DIRECTOR'S NOTES

▶ 規畫一個「驚爆全場」的瞬間，不一定非得是突破性的宣布，有時講述個人故事、揭露一些令人意外的新資訊、或是一場精彩的示範，都會讓觀眾留下深刻印象。像史蒂芬・史匹柏這樣的電影導演，會尋找那些能夠振奮觀眾、讓人發笑、或發人深省的情緒。人人都渴望美好又難忘的時刻，把這些融入你的演講中，越是出乎意料，效果越好。

▶ 精心設計這個關鍵時刻，在向觀眾揭曉之前要先鋪陳。就像一部精彩的小說不會在第一頁就洩露所有情節，主題演講時也應該逐步營造戲劇張力。你看過布魯斯・威利主演的電影《靈異第六感》嗎？最關鍵的場景就在電影的結尾，是大多數觀眾都沒料到的一大轉折。想想看自己該如何在簡報中加入驚奇的元素，至少要創造出一個讓觀眾驚呼的時刻，讓他們在你的簡報結束後還津津樂道。

▶ 排練這個關鍵時刻，不要因為沒有好好練習而搞砸了精心設計的難忘時刻。這一刻必須呈現得俐落、洗鍊且毫不費力。確保所有示範操作都能順利進行，投影片也都能適時配合。

中場休息 2 >>
席勒汲取大師經驗

　　菲爾・席勒身為蘋果公司全球產品行銷資深副總裁，2009 年 1 月 6 日肩負起一項艱鉅的任務，接替賈伯斯擔任 Macworld 的主題演講者（蘋果早已宣布，這將是該公司最後一次參加這個活動）。

　　席勒免不了會被拿來與他的老闆賈伯斯比較，賈伯斯可是有超過三十年的舞台經驗。然而，席勒非常聰明，他融合賈伯斯演講中最重要的元素，也成功主持了一場產品發表會。以下是席勒採用的七個技巧，如果是賈伯斯親自主持，他肯定也會這麼做：[1]

- **創造推特式的標題**：席勒在一開始就設定了當天簡報的主題，他告訴觀眾：「今天所有的焦點都是 Mac 電腦。」這樣的開場白與賈伯斯在前兩屆 Macworld 展會的開場非常相似。2008 年的主題演講中，賈伯斯告訴觀眾有重大消息要宣布，預示著 MacBook Air 的發布；2007 年，賈伯斯說今天蘋果將創造歷史，隨後推出 iPhone，這個預告也確實成真了。

- **規畫路線圖**：席勒在簡報一開始就口頭概述簡單的議程，並在過程中適時提醒觀眾。如同賈伯斯利用三法則來描述產品一樣，席勒也將簡報分為三個主要部分。他說：「今天要介紹三個新產品」（投影片同時顯示：「三個新產品」）。首先是新版的 iLife，其次是新版的 iWork，第三則是全新的 17 吋 MacBook Pro 筆記型電腦。

- **包裝統計數字**：就像賈伯斯一樣，席勒也為數字賦予了意義。他告訴觀眾，蘋果商店每週吸引三百四十萬名顧客，席勒為了讓觀眾更容易理解，補充道：「相當於每週舉辦一百場 Macworld 展會。」

- **善用示範道具**：現場示範是賈伯斯每場簡報的核心環節之一，席勒也將這個手法運用得淋漓盡致。如同賈伯斯在簡報中可能會做的，席勒坐在舞台上的電腦前展示 iLife '09 和 iWork '09 版本中的幾個新功能。我最欣賞的示範是新版的 Keynote '09，這款軟體讓一般用戶即使沒有平面設計專業技能，也能輕鬆製作出賈伯斯風格的投影片。

- **與人分享舞台**：席勒沒有獨占聚光燈，而是與在新產品領域有更多專業經驗的員工一起分享舞台。比方說，在介紹新版的 iMovie '09 影片編輯軟體時，席勒將示範操作交給實際開發這款工具的蘋果工程師；席勒在揭示全新的 17 吋 MacBook Pro 時，他表示這款筆記型電腦最創新的特點就是電池，為了進一步說明，他播放了一段影片，由三位蘋果員工介紹他們如何在不影響筆電尺寸、重量或價格的情況下，打造出這款續航力可達到八小時的電池。

- **設計吸睛的投影片**：席勒的投影片和賈伯斯的簡潔風格很相似，文字極少。開場的幾張投影片完全沒有文字，只有圖片。席勒首先帶領觀眾參觀過去一年在全球新開設的蘋果商店，投影片上沒有任何項目符號。在他需要列出功能特色時，也只用最簡短的文字，並經常搭配圖

片展示。如欲查看其投影片，可以觀看蘋果網站上的實際演講影片，或造訪 Slideshare.net。[2]

- **揭開驚呼的瞬間**：遵循賈伯斯的風格，席勒在簡報尾聲宣布「還有一件事」，讓觀眾大感驚奇。他再次運用了三法則，但這次聚焦於 iTunes，他說 iTunes 在 2009 年將有三個重要更新：定價結構調整、iPhone 用戶可以在 3G 行動網路上下載和購買歌曲，以及所有 iTunes 歌曲將不再有數位版權管理（DRM）限制。席勒宣布，「從今天起」八百萬首歌曲將不受數位版權約束時，觀眾給予熱烈的掌聲；等他說到「到本季度結束時，所有一千萬首歌曲將全面告別數位版權約束」，掌聲更是響徹全場。席勒知道，無 DRM 的歌曲是當天的頭條新聞，因此將這個消息留到最後，這項宣布也確實成了隨後新聞報導的焦點。

第三幕

完善和排練

到目前為止，我們已經明白賈伯斯如何籌備他的簡報，包括他如何利用語言和投影片串起整個故事、怎麼安排「演員陣容」和設計示範操作，又是怎麼創造絕妙的瞬間令全場觀眾為之驚歎。最後，我們將深入探討賈伯斯如何針對簡報內容精心打磨和反覆排練，使觀眾產生情感共鳴，這是任何想要展現領導風範的演講者都必須掌握的關鍵步驟。讓我們先來看看這一幕的精彩場景：

▶▶ **第 14 景：掌控舞台魅力**。表達方式往往和內容本身一樣重要，有時甚至影響更大，根據多項不同的研究，肢體語言和口語表達占據觀眾印象的 63% 到 90%。賈伯斯的表達方式使他傳達的內容更有力量。

▶▶ **第 15 景：讓一切看起來輕而易舉**。賈伯斯對排練的用心程度幾乎無人能及，他的準備工作在身邊的人眼中堪稱傳奇。研究人員發現，掌握一項技能需要投入大量的練習時數。在本章中，你會發現賈伯斯怎麼印證這些理論，以及自己該如何運用這些方法來提升簡報技能。

▶▶ **第 16 景：穿搭合宜服裝**。賈伯斯的衣著選擇堪稱是世上最簡單的：無論什麼演講都穿得一樣。他的造型紅遍世界，連脫口秀節目《週六夜現場》（Saturday Night Live）和情境喜劇《超級製作人》（30 Rock）都曾調侃過他。你將了解為什麼賈伯斯可以這樣穿，但你如果盲目仿效，卻可能成為職場上的致命錯誤。

▶▶ **第 17 景：拋開腳本**。賈伯斯簡報從不依賴投影片，而是會與觀眾互動。他能自信地與觀眾保持眼神交流，是因為他下過工夫排練，本章將教你如何掌握有效的練習技巧，讓你也能拋開講稿，自信表達。

▶▶ **第 18 景：樂在其中**。雖然賈伯斯的簡報投入了大量的準備工作，但事情並非總是按計畫進行。即使面臨突發狀況，賈伯斯也從不慌亂，因為他的首要目標是樂在其中！

第14景 ▶▶

掌控舞台魅力

> 我被史蒂夫的熱情與活力深深吸引。
>
> ——吉爾‧艾米里歐（Gil Amelio，賈伯斯回歸之前最後一任蘋果執行長）

賈伯斯展現強大的舞台魅力，他的聲音、手勢和肢體語言無不散發著權威、自信和活力。

在2003年Macworld展會上，賈伯斯的熱情表現得淋漓盡致。表14.1詳細記錄他介紹鈦合金PowerBook的簡報內容和搭配的肢體動作，[1] 也特別標示出他話中刻意強調的字眼。

賈伯斯在描述產品時所用的文字固然重要，但他的表達風格也不容忽視。他在每段話中強調關鍵字，為句子中最重要的字詞加強語氣，還會搭配大幅的手勢動作強化口說效果。

我們稍後會更深入分析賈伯斯的肢體語言和聲音表達，但現在最能讓你體會賈伯斯簡報功力的方法，就是請一位相形見絀的來賓登場做對比，差異立刻一目瞭然。

表 14.1 賈伯斯 2003 年 Macworld 的主題演講

賈伯斯的口說內容	賈伯斯的肢體動作
「兩年前，蘋果推出一款**劃時代的產品**。鈦合金 PowerBook **立刻**成為業界最優質的筆記型電腦，是人們**最渴望**的產品。」	豎起食指
「每一篇評論都這麼說。」	雙手攤開，掌心向上
「而且你知道嗎？這**兩年**來，還沒人能與之匹敵。」	右手舉起兩根手指
「幾乎所有評論家至今**仍然**認為這是業界排名第一的筆記型電腦，沒有其他產品**比得上**。」	左手劃過空氣
「這對蘋果來說很重要，因為我們相信總有一天**筆記型電腦**的銷量會超越**桌上型電腦**⋯⋯我們希望能用筆電取代**更多**桌上型電腦。」	雙手做出擴展的手勢
「那麼，我們該怎麼做呢？下一步是什麼？鈦合金 PowerBook 是一款具有里程碑意義的產品，不會消失。但是我們會更進一步，吸引**更多人**從桌上型轉向筆記型電腦。」	手勢從右到左大範圍移動
「我們要如何做到這一點呢？就用**這台**。」	停頓
「全新的 **17 吋 PowerBook**。17 吋的寬螢幕。」	再次做出擴展的手勢，雙手攤開，手掌朝上
「真是令人**驚豔**！」	停頓
「闔起來時只有 **1** 吋厚。」	左手做出象徵輕薄的手勢
「史上**最輕薄**的 PowerBook，讓我來展示給大家看看，我這裡正好有一台。」	走向舞台右側，同時與觀眾保持眼神交流
「這是我們有史以來最不可思議的產品。」	拿起筆電並打開
「全新的 17 吋 PowerBook，太令人驚奇了！瞧瞧這螢幕！」	舉起筆電展示螢幕
「瞧瞧有**多薄**，是不是很難以置信？而且也很漂亮。」	闔上筆電並高高舉起
「這無疑是目前**地表上**最先進的筆記型電腦。我們的競爭對手甚至都還沒趕上我們兩年前的產品，我不知道他們面對這款該怎麼辦。」	面帶微笑，直視觀眾

「那位讀稿先生是誰啊？」

在 2007 年 Macworld 的 iPhone 發表會上，賈伯斯邀請 Cingular/AT&T 的執行長史丹·西格曼（Stan Sigman）上台分享他對合作的看法。西格曼一上台就讓全場氣氛瞬間冷卻，他雙手插進口袋，以低沉單調的語氣致詞，最糟糕的是，他從外套口袋裡拿出備忘卡開始照著讀。結果，他的表達變得更斷斷續續，完全不與觀眾接觸眼神，他持續唸了六分鐘，感覺卻像是三十分鐘漫長，觀眾開始不耐煩，渴望賈伯斯回到舞台上。

CNN 國際部落格上的一篇文章寫道：「西格曼……僵硬地照稿唸，時不時尷尬地翻閱筆記。相比之下，口才了得的賈伯斯穿著他經典的黑色高領衫和褪色牛仔褲……賈伯斯是美國企業界最出色的表演大師之一，幾乎不看稿子，而且總能即興發揮幽默。」許多部落客紛紛對西格曼的演講猛烈批評：「那位讀稿先生是誰啊？」、「廢話連篇」、「糟得好痛苦」和「催眠大師」。

西格曼同年離開 AT&T。丹·莫倫（Dan Moren）在 Macworld.com 寫道：「對蘋果迷來說，西格曼最讓人印象深刻的，莫過於他這次徹底瓦解了賈伯斯的現實扭曲力場，讓整場簡報將近一半的聽眾昏昏欲睡。此後，他注定成了蘋果評論專家兼 podcast 主持人史考特·伯恩（Scott Bourne）99% 的笑柄……那麼，西格曼退休後會做什麼呢？聽說他打算為貧困青少年開設公開演講訓練課程。」[2]

西格曼在 AT&T 工作四十二年，從公司最基層開始做起，一路升遷到無線通訊部門主管，然而許多人不清楚他的領導才能，只知道他在 Macworld 上的表現，成為他揮之不去的形象。這實在也不能怪他，誰教他在表演大師之後登場，可惜這本書當時還沒出版，無法幫助他做好準備！

改善肢體語言的三大技巧

　　1985 年，賈伯斯與當時的執行長約翰・史考利在董事會的權力鬥爭中失利，未能主掌公司，因而辭去蘋果的職位。他離開蘋果長達十一年，直到 1996 年，蘋果當時的執行長吉爾・艾米里歐宣布將以 4.27 億美元收購賈伯斯的 NeXT 公司時，他才光榮地重返蘋果。艾米里歐在《火線前線：我在蘋果的五百天》（*On the Firing Line: My Five Hundred Days at Apple*，暫譯）回憶錄中寫道：「我被史蒂夫的熱情與活力深深吸引，我記得他站在那裡時多麼活力充沛，他的思維變得更加敏銳，表達也更加生動。」[3]

　　賈伯斯站在舞台上時充滿了生命力，似乎有無窮無盡的能量。在表現最為出色的時刻，賈伯斯做了三件任何人都能做到也該做的事，來提升自己的演講和簡報技巧，也就是與觀眾保持眼神交流、保持開放姿態，和經常運用手勢來加強表達。

眼神交流

　　像賈伯斯這樣優秀的溝通者，比普通演講者更善於與觀眾保持眼神交流，他們很少依賴投影片或講稿。其實賈伯斯並沒有完全捨棄講稿，他在簡報過程中常常會將筆記放在不顯眼的地方，此外，蘋果的簡報軟體 Keynote 也讓演講者可以在自己的螢幕上查看講稿，而觀眾只能看到投影片的內容，就算賈伯斯有在看講稿，觀眾也是無法察覺的。他幾乎全程與觀眾保持眼神接觸，只會瞄一眼投影片，隨即將注意力轉回到觀眾身上。

　　大多數演講者習慣依賴投影片上的文字照本宣科，在示範過程中，平庸的簡報者會完全中斷與觀眾的眼神交流。有研究證明，眼神交流與誠實、可信賴、真誠和自信密切相關，而避免眼神接觸通常會讓人覺得缺乏自信和

領導力。一旦失去眼神交流，絕對會讓你失去與觀眾的連結。

　　賈伯斯之所以能與觀眾保持穩定的眼神交流，是因為他會提前幾週就開始排練（見第 15 景），他對每張投影片的內容和出現時該說什麼話，全都瞭如指掌。賈伯斯排練得越多，就越熟悉演講內容，也更容易與觀眾建立連結。大多數演講者缺乏足夠的練習，這正是他們表現不佳的原因。

　　賈伯斯能與觀眾保持穩定眼神交流的第二個原因是，他的投影片是以視覺為主，通常沒有任何文字只有圖片（參見第 8 景和第 17 景），即便有文字也非常精簡，有時甚至只有一個字。視覺化投影片促使演講者直接傳遞訊息給觀眾，而非依賴投影片上的文字來表達。

開放的姿態

　　賈伯斯幾乎很少交叉雙臂，或是站在講台後方，他總是採取「開放」的姿態，也就是不會讓任何物體阻隔他與觀眾的互動。在示範解說過程中，賈伯斯會與電腦保持平行位置，以確保他與觀眾的視線不受阻礙，在電腦上操作後，他會立刻轉向觀眾，清晰明確地解釋剛才的動作，幾乎始終保持眼神交流。

　　在早期的主題演講中，特別是 1984 年麥金塔的發表，賈伯斯曾站在講台後方，但他很快就摒棄講台的形式，除了 2005 年史丹佛大學的畢業典禮演講，賈伯斯再也沒有用過講台。

運用手勢

　　賈伯斯幾乎每一句話都會搭配手勢來強調重點。某些老派的演講教練會建議客戶將手放在身體兩側，我不確定這建議是從何而來，但對於任何希望吸引觀眾的演講者來說，這是致命的錯誤，這麼做只會讓你看起來太過僵

硬、拘謹，老實說還有點怪。像賈伯斯這樣出色的溝通者，都比一般演講者善於運用**更多**手勢，甚至已有研究支持此一觀點。

芝加哥大學的大衛·麥克尼爾博士（Dr. David McNeill）自 1980 年以來便全心投入於手勢研究。他的研究證實，手勢與語言有密切關係，事實上**運用**手勢能幫助演講者理清思路，提升表達能力，甚至指出，其實**不用**手勢反而更需要集中注意力。麥克尼爾發現，非常有紀律、嚴謹又自信的思考者會用手勢來展現清晰的思維──就像是一扇可以窺見思想過程的窗口。

運用手勢來強調你的觀點，但是要注意，避免讓手勢顯得呆板、生硬或過於刻意。換句話說，沒必要模仿賈伯斯的動作，而是要做自己，保持自然與真誠。

是執行長還是傳教士？

思科系統執行董事長暨前任執行長約翰·錢伯斯公開演講的自信很少有人比得上，初次看到他演講的人往往會驚歎不已。錢伯斯像一位熱情的傳教士，穿梭於觀眾之間，他在演講開始時只會在舞台上待一兩分鐘，隨即步入人群。他會直接走到觀眾面前，直視他們的眼睛，叫出一些人的名字，甚至不時輕拍別人的肩膀。能展現這種自信的人屈指可數。

據我所知，錢伯斯的自信來自無數小時的反覆練習。他對每張投影片上的每一個字都瞭如指掌，也清楚自己接下來要說的話。曾有觀眾表示，看錢伯斯的演講是一種「令人驚歎」的體驗。只要你反覆排練，並細心留意自己的肢體語言和口語表達，你也能令人驚歎！

說話也有個人風格

賈伯斯運用聲音與手勢同樣有效果。他的簡報內容、投影片和示範都能讓觀眾興奮起來，而將這一切串聯起來的正是他的表達。他在 2007 年 1 月 iPhone 發表會上講述了一個精心設計的故事，他的聲音恰到好處地增添了戲劇張力。前幾章回顧了這場發表會和投影片內容，現在讓我們聚焦在賈伯斯如何說以及說了什麼，畢竟這是整體的表現，再好的投影片，如果沒有出色的表達也難以打動人心，再精彩的故事，若講述乏味也會失去光彩。

表 14.2 呈現賈伯斯的口語表達方式，取自第 13 景提到的同場 iPhone 發表會。左欄特別標示出賈伯斯選擇強調的字詞，右欄則列出了他的表達方式，包括句中的停頓時刻，[4] 請留意他的節奏、停頓和音量變化。

賈伯斯改變表達方式來激起懸念、熱情和興奮感。你花了許多心血想要呈現一場精彩的演講，用單調乏味的語氣來表達只會摧毀你的努力，而賈伯斯絕不會讓這種事發生。賈伯斯的聲音完美烘托了劇情張力，他在每場簡報中都運用類似的技巧。以下詳細介紹賈伯斯用來吸引聽眾專注的四個相關技巧：聲調、停頓、音量和語速。

聲調

賈伯斯會改變聲調的高低創造出抑揚頓挫，例如，當他說出「你們明白了嗎？」、「這是同一個裝置」時，透過聲調上升激起興奮感。試想，如果他說的每句話都是相同聲調，iPhone 發布會聽起來會有多麼單調乏味啊！賈伯斯的簡報中也常常出現一些他偏愛的形容詞，比如難以置信、令人驚歎、酷、重大的，這些詞語如果用平淡的語氣表達，效果就會大打折扣。賈伯斯會經常改變聲調，讓觀眾始終保持興趣。

表 14.2 賈伯斯 2007 年 iPhone 發表會

賈伯斯的口說內容	賈伯斯的表達方式
「這是我期待了兩年半的日子。」	停頓
「每隔一段時間,就會有劃時代的產品問世,**改變一切**。」	停頓
「蘋果一直都很幸運,成功推出幾款這樣的產品。1984 年,我們推出**麥金塔**,這不僅改變蘋果命運,也改變整個電腦產業。」	停頓
「2001 年,我們推出第一代 **iPod**。」	停頓
「這不僅是改變了我們享受音樂的方式,也改變了整個**音樂**產業。」	停頓
「今天,我們將推出三款同樣具革命性的產品。**第一款是**」	停頓
「具備觸控功能的寬螢幕 iPod。**第二款是**」	停頓
「**革命性的手機**。」	聲音逐漸加大
「**第三款是**」	停頓
「**突破性**的網路通訊設備。所以,有三樣東西:具有觸控功能的寬螢幕 iPod、革命性的手機、突破性的網路通訊設備。」	停頓
「一部 iPod、一支手機、一個網路通訊設備。」	聲音逐漸加大
「一部 iPod、一支手機,你們明白了嗎?」	語速變快、聲音逐漸加大
「這並不是三個獨立的裝置,而是同一個裝置。」	聲音逐漸加大
「我們稱之為 **iPhone**。」	聲音再加大
「今天,蘋果將**重新定義手機**!」	演講中聲音最響亮的一刻

停頓

沒有什麼比適時的停頓更具戲劇性了。2008年1月，賈伯斯在Macworld大會上對觀眾說：「今天，我們將推出第三款筆記型電腦，」他停頓幾秒後才說：「名稱叫做MacBook Air。」接著，他又停頓片刻，才揭曉頭條標題：「這是全球最輕薄的筆記型電腦。」[5]

賈伯斯的簡報總是從容不迫，會放慢節奏，他經常在講完一個重點後靜默幾秒鐘，讓觀眾有時間消化內容。大多數簡報者聽起來像是急著把話講完，常因為準備太多內容而超出時間。賈伯斯從不急躁，他的簡報都經過精心排練，會給自己足夠的時間放慢節奏、適時停頓，並讓訊息深入人心。

音量

賈伯斯懂得如何控制音量來增添戲劇效果。他在介紹一款熱門新產品時，經常會先降低音量營造氣氛，然後才大聲揭曉重磅消息。有時他也會反其道而行，比方說，他在介紹第一代iPod時，先提高聲音強調說：「隨身攜帶自己的整個音樂庫，這對聽音樂來說，是個**重大突破**，」隨後才輕聲說出決勝的關鍵句：「而iPod最酷的一點是，你的整個音樂庫都能放進口袋裡。」[6]正如聲調變化和適時停頓能讓觀眾專注於每一句話，音量控制也能達到同樣的效果。

語速

賈伯斯會根據不同情境調整語速。他通常會以正常語速進行示範，一旦講到重要標語或關鍵訊息，則會特意放慢說話速度。賈伯斯第一次介紹iPod時，幾乎低聲細語來強調重要訊息，也放慢句子節奏來營造戲劇效果。表14.3提供一些精彩實例。[7]

表 14.3 賈伯斯介紹 iPod 的摘要片段和表達方式

賈伯斯的口說內容	賈伯斯的表達方式
「現在,你可能會說,『這很酷,但我的筆記型電腦 iBook 裡有硬碟,我也有 iTunes,我很滿意了。雖然我的 iBook 沒有十小時的電池續航力,但還是比其他大多數消費型隨身電腦要好得多。』」	放慢語速
「『那麼,iPod 有什麼特別之處呢?』」	停頓並降低音量
「iPod 攜帶超方便。iBook 攜帶已經很方便了,但是 iPod **更勝一籌**。讓我來具體說明。」	加快語速
「iPod 只有一副撲克牌的大小,寬 2.4 吋、高 4 吋、厚度不到四分之三吋,這麼小巧,重量只有 6.5 盎司,比大多數人口袋裡的手機還輕,這就是 iPod 的驚人之處。」	放慢語速並降低音量
「攜帶超方便。」	近乎低語

發揮你理想的領導力

不要誤以為肢體語言和口語表達只是微不足道的「軟技能」。加州大學洛杉磯分校的研究員艾伯特・梅拉比安(Albert Mehrabian)在《無聲訊息》(*Silent Messages*,暫譯)著作中,對表達和溝通進行深入研究。[8] 他發現,非語言提示在對話中有最大的影響力,其次是語氣(聲音表情),而第三個最不重要的因素則是實際的說話內容。

賈伯斯的談吐和風采大大提升他的領導形象,讓觀眾對他感到信任與尊敬。美國前總統歐巴馬曾說過,他從社區活動組織者一路發展成全球最有權力的人物,學到最寶貴的經驗就是「始終展現自信」。

人們總是不斷地在評價你，尤其是在初次見面的前九十秒最關鍵。你的語言表達和肢體動作傳遞的訊息，將決定人們對你是感到失望還是深受啟發。賈伯斯之所以是一位魅力十足的溝通者，正是因為他的聲音和手勢都很有表現力。

▶▶ 語氣單調的經典範例

經濟學家班‧史坦（Ben Stein）提供一個經典範例，讓我們見識到什麼是極度沉悶、單調的聲音表達。

史坦在 1983 年的經典電影《蹺課天才》（*Ferris Bueller's Day Off*）中客串飾演一位乏味的經濟學老師，他最著名的台詞發生在他點名時，由馬修‧柏德瑞克（Matthew Broderick）飾演的天才布勒（Ferris Bueller）不見人影，史坦用極其單調的語氣重複問道：「布勒……？布勒……？布勒……？」鏡頭轉到空蕩蕩的座位。在另一個場景中，史坦討論到霍利－斯穆特關稅法案（Hawley-Smoot Tariff Act）和巫術經濟學，學生們的反應非常搞笑，某個學生趴在桌上嘴角流著口水。史坦飾演的角色無聊到讓人覺得很爆笑。

如果史坦以電影中沉悶教師那種死氣沉沉的語調來朗讀賈伯斯的講稿，就算稿子再精彩，也必定會成為美國企業界有史以來最冗長、最無聊的簡報之一。這再次證明了，內容固然很重要，但有效的表達才是成敗的關鍵。

導演筆記 DIRECTOR'S NOTES

>> 注意你的肢體語言。與聽眾保持眼神交流，採取開放的姿態，並適時地運用手勢。不要害怕揮動雙手，研究顯示，手勢能反映出複雜的思考，讓聽眾對演講者產生信心。

>> 改變說話的聲音表達方式，包括適度的聲調變化、調整音量大小、加快或減慢語速。同時，讓人有時間消化你的內容，適時停頓一下，沒什麼比恰到好處的停頓更具戲劇張力了。

>> 錄下自己的簡報場景，仔細觀察肢體語言，聆聽聲音表現。觀察自己的影片是提升演講技巧的最佳方式。

第 15 景 》》
讓一切看起來輕而易舉

> 不是因為厲害才練習，而是因為練習才厲害。
> ——麥爾坎・葛拉威爾（Malcolm Gladwell，暢銷書作家）

賈伯斯是一位出色的表演大師，能精準駕馭舞台，台上的每個動作、示範、影像和投影片，都搭配得天衣無縫，給人一種輕鬆自信、從容不迫的感覺。至少，對觀眾來說，**看起來**是毫不費力的。其實，賈伯斯的簡報祕訣說穿了就是：花無數小時進行排練。更確切地說，是連續好幾天、長時間反覆地練習。

「賈伯斯介紹蘋果的最新產品，就好像是一位新潮又跟緊趨勢的朋友出現在你家客廳，向你展示最新發明一樣。事實上，這種輕鬆感是經過無數小時的努力練習才表現出來的。」《商業周刊》的觀察報導指出：「一位零售業高層回憶，曾應賈伯斯的要求參加過一場 Macworld 的彩排，結果等了四個小時才見到賈伯斯下台接受訪問。賈伯斯將他的主題演講視為一種競爭武器。Google 的高層瑪麗莎・梅爾（Marissa Mayer）負責發表這家網路搜尋巨頭的創新業務，她堅持有潛力的產品行銷人員都必須參加賈伯斯的主題

演講，她說：『史蒂夫・賈伯斯是發表新產品的頂尖高手，他們必須學習他是怎麼做到的。』」[1]

那麼，他是如何做到的呢？《商業周刊》記者在文章中揭曉答案：賈伯斯投入了**無數小時的嚴苛練習**。你上一次為了準備一場簡報而投入無數小時嚴苛練習是在什麼時候？誠實的答案可能是「從來沒有過」。如果你真的想有賈伯斯那樣的表現，就要準備好投入更多時間來排練簡報的每個環節。

一窺幕後的魔法

《衛報》（*Guardian*）2006 年 1 月 5 日發表的一篇文章中，前蘋果員工麥克・伊凡傑利斯特（Mike Evangelist）談到他在準備賈伯斯某場演講排練時的親身經歷，文章寫道：「對於一般觀眾來說，這些簡報表面上看來只不過是一位身穿黑色高領衫和藍色牛仔褲的人在介紹一些新科技產品，實際上卻是一個極其精緻複雜的組合，包含銷售宣傳、產品展示和企業鼓舞士氣等多種元素，還夾雜一些宗教式的熱忱。這些代表了數週的心血、精確的協調和眾多人承受的巨大壓力，大家共同組成了『幕後英雄』。」[2]

根據伊凡傑利斯特的親身經歷，賈伯斯會提前數週就開始準備，仔細檢視他將要介紹的產品和技術。伊凡傑利斯特被選中在 2001 年 Macworld 展會上示範操作蘋果的 iDVD 燒錄軟體。他表示，團隊為了準備這段五分鐘的示範，投入數百小時。你沒看錯：投入**數百小時**，只為了這五分鐘！

伊凡傑利斯特表示，賈伯斯在簡報前花了整整兩天彩排，向在現場的產品經理徵求意見。賈伯斯也投入許多時間在投影片上，親自撰寫和設計大部分的內容，也得到設計團隊的一些協助。「在簡報前一天，一切變得更有條理，至少完成一次完整的彩排，有時甚至進行了兩次。整個過程賈伯斯都

極為專注。進入會場就可以感受到,他將所有精力都集中在確保主題演講能完美呈現蘋果的訊息。」[3]

在主題演講之前的幾個星期,伊凡傑利斯特見證賈伯斯從失望到興奮的各種情緒波動。他總結道:「我認為這是史蒂夫・賈伯斯對蘋果最深遠的影響之一:他對自己和他人唯一的要求就是卓越,不容任何妥協。」[4]

1999 年 10 月,在一系列多彩 iMac 發表會的前一天,《時代》雜誌記者麥可・克蘭茲(Michael Krantz)去採訪賈伯斯。當時,賈伯斯正在排練他將宣布「向新款 iMac 打招呼」的關鍵時刻,根據克蘭茲的描述,當時這款電腦應該會從黑色幕簾後方滑出,但賈伯斯對燈光效果並不滿意,他希望燈光能更亮一些,而且要提早亮起來。賈伯斯說:「讓我們繼續排練,直到做對為止,好嗎?」[5] 燈光人員一試再試,而賈伯斯也顯得越來越沮喪。

「終於,燈光效果達到了賈伯斯的要求,」克蘭茲說道,「五台燈光完美照射著 iMac 在大螢幕上順利滑出。『哦!就是這樣!太棒了!』賈伯斯激動地喊道,為這些美到令人瘋狂的機器能在這宇宙誕生而感到欣喜若狂。『太完美了!哇!』他高呼著,聲音迴盪在空曠的會場中。你知道嗎,他是對的,當燈光提前亮起時,確實讓 iMac 顯得更出色。」[6]

克蘭茲描述的這一幕可以有兩種解讀:認為賈伯斯是個對細節吹毛求疵的微管理者,或是,如同文章中引述賈伯斯一位朋友說的,「他一心一意追求品質和卓越,近乎瘋狂。」

賈伯斯、喬丹與邱吉爾的共同點

心理學家 K・安德斯・艾瑞克森博士(Dr. K. Anders Ericsson)研究過像麥可・喬丹這樣的頂尖運動員,和其他各行各業的超級成就者,包括象棋

選手、高爾夫球手、醫生，甚至也有飛鏢選手！艾瑞克森發現，卓越表現者**透過刻意練習**（deliberative practice）來精進自己的技能。換句話說，他們不會只是重複做同樣的事情以期進步，還會設立具體目標，尋求回饋意見，一直努力不懈地追求進步。根據艾瑞克森的研究，我們了解到，頂尖專業人士會持續多年反覆練習特定的技能。

平凡的演說家因為不斷練習和調整而變得不平凡。邱吉爾是二十世紀最偉大的演說家之一，他是一位有說服力、影響力，又能激勵人心的高手，邱吉爾也刻意練習過演說技巧，而能在二次大戰最黑暗的時期激勵數百萬英國人民。「他會在重要議會演說前幾天就開始準備，練習妙語回應或反擊各種可能的插話。邱吉爾練習得極其充分，使他看起來就像是即興發揮……聽眾完全被他征服。」邱吉爾的孫女西莉亞・桑地斯（Celia Sandys）和強納森・李特曼（Jonathan Littman）在他們合著的一本書《邱吉爾的領導智慧》（*We Shall Not Fail*）這麼寫道：「這個道理很簡單，但需要付出很多努力，練習更是不可或缺，尤其是如果你希望自己表現得渾然天成時。」[7]世界上最偉大的演講者都深切體會，所謂的「渾然天成」其實都是有計畫練習、精心打造的結果。

你也可以像賈伯斯那樣演說，但這需要不斷練習。賈伯斯讓一場精心設計的簡報看起來輕鬆自如，因為他投入了大量心血。《創意魔王賈伯斯》書中，曾引述 NeXT 公司的高階主管保羅・維斯（Paul Vais）說道：「每一張投影片都像寫詩一樣經過悉心琢磨，我們會花數小時處理一般人認為微不足道的細節。史蒂夫會對這場簡報費盡心思，我們會試著策畫和編排每個細節，讓簡報顯得比實際上更生動鮮活。」[8]讓你的簡報「更生動」必須要經過練習，一旦你接受這個簡單的原則，你的簡報將會在眾多平庸表現中脫穎而出。

一萬小時的大師之道

世上沒有「與生俱來」這回事，賈伯斯付出大量努力，才成為一位卓越的演講者。根據麥爾坎‧葛拉威爾在《異數》書中的說法：「研究顯示，對於有資格進入頂尖音樂學院的樂手，區分不同表演者表現優劣的關鍵因素，就是他們的努力程度，僅此而已。而且，更重要的是，表現頂尖的人不只是比別人更努力或非常努力，而是要**拚盡全力**、遠遠大過於其他人的努力強度。」[9] 雖然葛拉威爾在《異數》中的觀察主要針對音樂家，但是有關卓越表現的大量研究顯示，在任何特定領域出類拔萃的人，練習是他們的共同特徵。神經科學家兼音樂家丹尼爾‧列維廷（Daniel Levitin）認為，這個魔法數字是「一萬小時」。

「這些研究的結果顯示，要達到相當於世界級專家的水準，需要一萬小時的練習⋯⋯無論是作曲家、籃球員、小說家、花式溜冰選手、鋼琴演奏家、國際象棋選手、甚至是高明罪犯等等，這個數字在多項研究中總是一再出現。當然，研究並沒有解釋為什麼有些人在練習時似乎沒有任何進展，而有些人卻能從練習中獲得更多成效，但至今尚未發現有任何人能在短時間內達到世界級專業水準。看來，大腦需要這麼長的時間來吸收一切所需知識，才能達到真正的精通。」[10]

根據列維廷和葛拉威爾的研究，「一萬小時理論」與我們對大腦學習過程的理解是一致的。他們表示，學習需要在神經組織進行鞏固，我們對某一特定行為的經驗越多，這些神經連結就會變得越強大。

現在讓我們來換算一下，一萬小時分攤成十年，大約等於每天三小時或每週二十小時。為了證實此一理論，葛拉威爾分享披頭四樂團的經歷，他們在成名前曾共同赴德國漢堡長期演出。根據葛拉威爾的說法，披頭四在

1964年嶄露頭角之前，已經現場演出過大約一千兩百場，有些場次甚至一唱就是八小時，這是一項相當了不起的紀錄，大多數樂團在整個職業生涯中也沒有這麼頻繁的表演。隨著演出次數增加，成員們變得更加出色和自信。葛拉威爾寫道：「順帶一提，從披頭四成軍，一直到推出公認的藝術顛峰之作《比伯軍曹寂寞芳心俱樂部》（*Sgt. Pepper's Lonely Hearts Club Band*）和同名專輯《披頭四樂團》（*The Beatles*，也被稱為白色專輯），相隔時間正好是十年。」[11]

以一萬小時的理論為基礎，讓我們再次將注意力回到賈伯斯。蘋果公司成立於1976年，但賈伯斯與他的好友兼共同創辦人史蒂夫·沃茲尼克在1974年就開始參加Homebrew電腦俱樂部會議。Homebrew是早期位於加州矽谷電腦愛好者的俱樂部，賈伯斯正是在這裡開始動手實驗，討論電腦如何改變世界。經過十年之後，賈伯斯於1984年推出麥金塔電腦，發表一場精彩的產品簡報，大多數看過這場簡報的人都認為這是一次偉大的成就，充滿了懸疑、戲劇性和激勵人心的元素。但更值得注意的是，賈伯斯還是不斷地練習、進化並提升自己的簡報風格。

十年後，1997年，賈伯斯重返蘋果，並在波士頓的Macworld展會上發表簡報，討論他為重振蘋果所做的努力。他那天的表現比過去幾年都更加精練與自然，不再依賴講台，而是自在地於舞台上走動，也開始設計出更具吸引力的投影片。

又過了十年，來到2007年的Macworld大會，我認為這是賈伯斯最精彩的一次主題演講，整場簡報從頭到尾各個環節都無懈可擊。他的每一次簡報都能形容是擊出全壘打那樣出色，但2007年他簡直是揮出了清空壘包的滿貫全壘打，一切都恰到好處。本書已討論過其中的幾個段落，整體來看，這場iPhone的發布簡報精準流暢，戲劇性的高潮迭起，肢體語言充滿自信，

語言表達引人入勝，還有令人讚歎的投影片，甚至讓同時在拉斯維加斯規模更大的消費電子展上所有產品都黯然失色。

大家對賈伯斯的一大誤解是，認為他天生就是演說好手，才能在舞台上展現渾然天成的魅力，但事實並非如此。正如研究證明的，沒有人「與生俱來」，只要你比別人付出更多努力，也可以達到世界級水準。

▶▶ 白白糟蹋 25,000 美元

我曾經看過一位大型上市公司的高層，向一大群客戶、媒體和分析師發表主題演講。我後來得知，該公司花了 25,000 美元聘請專業設計師製作華麗的動畫投影片，而這筆費用還不包括燈光、音響和場地租借。即使投影片做得再有創意，如果沒有經過充分練習，還是無法打動觀眾，這位高層顯然沒有多練習，結果可想而知。由於他沒有事先練習讓演說內容與動畫配合，造成投影片播放時間出現偏差，還多次忘詞，講得結結巴巴，甚至一度無奈地雙手一攤！如果你為了一場簡報投入金錢和時間（畢竟時間就是金錢），那麼就要練習、練習、再練習！

讓影片成為你的好幫手

幾乎每年的拉斯維加斯消費電子展，都會有企業執行長邀請我協助他們準備重大簡報發表。這個大展通常在每年一月的第一週登場，因此我們經常得在假期中進行排練，此時公司其他員工通常都在放假，不過執行長還是會到場練習，因為他們深知這有多麼重要。

有一年，我的一位執行長客戶經過幾天的排練後，登上拉斯維加斯的電子展舞台，但投影片卻出了問題，遙控器失靈了，無法切換投影片。大多數沒有經過充分練習的講者可能會當場愣住，反而突顯了問題。這位執行長卻不然，他準備得非常充分，輕鬆地示意助理幫忙切換投影片（我們有排練過緊急應變計畫），他繼續發表簡報，絲毫不受影響。但問題並未就此結束，電腦系統卡住了，需要重新啟動才能繼續播放投影片，助理無奈地搖了搖頭，執行長沒有自亂陣腳，繼續在沒有投影片的情況下完成後半段的簡報，他表現得輕鬆自若，充滿自信。

他事後告訴我，如果沒有我強烈建議他進行排練，他在員工、分析師、投資者、客戶和媒體面前肯定會失去信心，當場手忙腳亂。我在簡報結束後詢問幾位員工對這場簡報的看法，根本沒人注意到出了差錯。

錄影訓練技巧

我們在排練時運用了攝影機。雖然市面上有很多合適的攝影機，不到三百美元就能買到，但很少有演講者會觀看自己的錄影。我知道，在電視上（尤其是寬螢幕）看自己的表現，會覺得有點不自在，但請相信我，這是有必要的。錄下自己的簡報練習，並反覆觀看，如果可能的話，找客觀的朋友或同事給你一些誠實的回饋意見。不要用攝影機內建的標準麥克風，改用外接的夾式麥克風，這樣你的聲音會更洪亮、更清晰，也更有共鳴。

觀看影片時，要特別留意以下五個重點：

- **眼神交流**：盡量熟記簡報內容，避免依賴講稿，你的投影片應該只是提示工具。公眾演講專家安德魯·卡內基（Andrew Carnegie）曾觀察到，照讀講稿會破壞講者與觀眾之間的親近感，也會使講者看起來不

夠有權威和自信。請注意，我並沒有說你「完全」不能看稿，賈伯斯通常會把講稿隱藏在觀眾的視線之外，只有細心的人才會發現他偶爾瞄一眼。雖然他在示範操作過程中也會參考講稿，但因為觀眾的注意力集中在示範本身，此舉並未影響簡報效果。他在台上用的講稿也很簡單且不引人注目，只需快速查看即可掌握進度。雖然蘋果的 Keynote 比 PowerPoint 更容易顯示演講者的備註頁面，但你還是應該努力做到大部分的簡報都不依賴講稿。

- **肢體語言**：你的肢體語言是否展現出堅定、自信和掌控力？你的雙臂是交叉的還是敞開的？你是否將雙手放在口袋裡，而不是保持開放的姿態？你有沒有不自覺的小動作、晃動，或其他讓人分心的習慣？你的手勢是自然又有力還是僵硬呆板？切記，肢體語言和口語表達會大大影響聽眾對你的印象，你的肢體語言應該要能夠反映出你言談之間的自信。

- **語助詞**：你是否經常用「嗯」、「啊」、「那個」等字眼來填補思緒之間的空白？就像投影片上不該填滿文字一樣，說話時也不應該填滿每句話之間的停頓。觀察自己的表現是去除這些常見語助詞的最佳方式，一旦注意到自己有這種習慣，下次就能更加留意，意識到這一點，就已經解決大部分的問題了！

- **聲音表達**：不時調整說話的音量和聲調，能夠維持觀眾的注意力，專心聽你講話。根據簡報內容的需要，適當調節音量的高低、改變聲調、修改說話速度，能避免讓簡報聽起來單調乏味。在適當時候加快語速，然後再放慢，適時停頓來強調重點。記住，沒有什麼比恰當的停頓更具戲劇性。不要匆匆帶過，要讓簡報有自然的節奏。

- **活力**：你給觀眾的感覺，是週日早晨懶洋洋地剛起床，還是充滿活力、

熱情洋溢、而且迫不及待想和觀眾分享你的故事？大家都喜歡與活力充沛的人相處，他們能激勵我們感到振奮、有趣、且充滿正能量。有活力的人聲音充滿熱情，步伐輕快，臉上總帶著微笑。活力讓人更有親和力，而親和力正是有效說服與溝通的關鍵因素。許多商業專業人士低估了激發聽眾熱情所需的能量，像賈伯斯這樣振奮人心的演講者，總是具備這種能量，他總是比其他同台演講的人更有活力。

卡洛琳・甘迺迪的語助詞

像「呃」、「嗯」、「那個」等語助詞應該不至於讓人失去公職資格，也應該不會使個人的企業領袖能力受限。然而，這些語助詞往往會削弱你在他人眼中的權威。2009 年初，卡洛琳・甘迺迪（Caroline Kennedy）曾表達過有意爭取希拉蕊・柯林頓轉任美國國務卿空出的紐約州參議院席位。卡洛琳的發言經常使用「嗯」、「你知道」、「那個」等語助詞，遭到媒體對她的表現猛烈抨擊。在一次兩分鐘的訪問中，卡洛琳說了三十多次「你知道」，成了部落客和廣播節目主持人取笑的焦點。不久之後，她決定撤回參選意願。

以下有三個方法，可以幫助你消除這些語氣詞，避免干擾你要傳遞的訊息：

- **尋求回饋意見**：大多數同事是不願意冒犯人的。如果有人向我請教意見，而我看到有些明顯需要改進的地方時，我都會直言不諱。不過我也和大部分人一樣，即使很想告訴某人一些能改善簡報技巧的地方，也會猶豫是否該主動提供建議。同樣的，家人、朋友和同儕

多半會擔心「侮辱」到你而避免批評，若你的某些習慣動作令人反感，他們通常不會主動告訴你！或許，如果卡洛琳曾經尋求誠實回饋意見，會有人告訴她：「卡洛琳，在你向州長推薦自己成為下一任紐約州參議員之前，必須好好練習如何去回應那些不可避免的問題。你的回答必須具體、激勵人心，而且要拿掉日常對話中常用的語助詞。」

- **敲敲玻璃杯**：這個方法是我偶然發現的，而且效果非常好。當時我在幫一位女士排練簡報，發現她每隔一會兒就會說「呃」或「嗯」，這讓人難以集中注意力，於是我告訴她，每次她話中一出現語助詞時，我會用湯匙敲敲水杯。我的敲擊聲越來越頻繁且令人煩躁，促使她幾乎立刻去除這些語氣詞。此後，我曾多次運用這個方法，效果也同樣顯著。當然，這個技巧需要有別人幫忙觀察你，並且在排練過程中敲杯子。

- **錄下自己的表現，並播放給他人看**：如果你真心想要改善簡報技巧，就請錄下自己的表現，並邀請其他人一起觀看。你不需要錄製整場簡報，只要錄前五分鐘即可，這應該足以讓你發現需要改進的地方，你可能會很驚訝自己說了多少語助詞。對大多數人來說，光是觀察自己的影片，已經能有效解決一些問題，如果有別人在場提供回饋意見，效果會更顯著，因為他們能夠發現你可能忽略的一些語言習慣。

　　偶爾出現幾個「呃」和「嗯」並不會影響你說服觀眾的能力，但如果這些語氣詞一直出現，可能會損害你的表現。值得慶幸的是，一旦你意識到這個問題，就可以輕易採取這些方法來減少或消除這些用詞。

跳脫習慣模式

業界的專業人士普遍都需要提升能量，但要如何展現出適當的活力又不顯得過於誇張呢？答案就是透過能量表來自我衡量，分數越高越好。

我經常問客戶：「如果以 1 到 10 來評分，1 代表你昏昏欲睡，10 代表你像勵志演說家東尼·羅賓斯（Tony Robbins）那樣充滿活力，請告訴我你目前的狀態是幾分？」

大多數客戶會回答「3 分」，我說：「好的，如果你把能量提升到 7 分、8 分或 9 分，會是什麼感覺呢？試試看吧。」演講者如果誠實的話，多半會把自己定位在 3 到 6 分之間，也就是說他們還有很大的提升空間。

能量很難具體描述，但只要看到就會明白。電視主持人瑞秋·雷（Rachael Ray）就有這種高能量，歐巴馬和東尼·羅賓斯也不例外，這三個人的風格各不相同，但他們的演講都充滿了活力。

試試這個方法——練習跳脫你的習慣模式：錄下幾分鐘你平常進行簡報的方式，播放來看，最好找別人一起觀察。問自己和觀察者：「在能量表上我可以得幾分？」然後再錄一次。這次，跳脫你的習慣模式，大膽表現，提高音量，做出大幅的手勢，臉上帶著燦爛的笑容，嘗試做到如果你真的以這種方式簡報會覺得有點尷尬和不自在的程度。再播放一遍，你很可能會發現，這樣的活力表現恰如其分。事實上，大部分人在演講時往往低估自己的能量，當他們被要求「放開來表現」，跳脫習慣模式時，反而正剛好。

五步驟練習「即興」發言

隨著全球經濟進一步陷入衰退，2009 年推出新車成為一項艱鉅的挑戰，然而，汽車公司無法停止那些早在多年之前就已經啟動的設計和計畫。

我在2009年1月與一群汽車公司高層交流，他們為即將在北美展示中心登場的全新車款擔任發言人，希望我傳授回答媒體刁鑽問題的建議。就在同一天，美國國務卿提名人希拉蕊正在接受參議院外交關係委員會在確認聽證會上的提問，美聯社形容她的表現「流暢」，NBC的湯姆‧布羅考（Tom Brokaw）則表示希拉蕊的準備工作向來是個著名「傳奇」。我告訴這些汽車高層，應該像希拉蕊為她那場五小時聽證會下的功夫一樣，為各種尖銳問題做好充分準備。

這是一種我稱之為「桶裝法」（bucket method）的技巧，許多執行長、政治人物，甚至是似乎總是能迅速回答任何問題的賈伯斯，多少都用過這個方法。你可以將之運用在準備簡報、提案、銷售電話，或是任何預期會遇到棘手或敏感問題的場合。

1. **鎖定最可能被提出的問題**。希拉蕊預期會被問到有關她丈夫的國際基金會及其捐贈者名單的問題，批評者已廣泛報導這個議題，認為她的任命會構成利益衝突。她也知道當時全球的熱點問題，如加薩、伊朗、伊拉克、巴基斯坦等一定會是提問的焦點。對汽車高層來說，最常見的問題可能會是：「在這樣的經濟情勢下，您對汽車銷售的前景有何看法？」或是「2009年汽車產業會變得更糟嗎？」

2. **將問題裝入不同的「桶子」或類別中**。有些桶子可能只有一個問題，如柯林頓基金會議題，有些桶子則可能包含多個問題，像汽車業與經濟情勢。關鍵在於將問題分門別類，減少準備工作的負擔。很奇妙的是，根據我培訓過數千名演講者的經驗，大多數的問題大約可以歸納為七個類別。

3. **為每個類別準備好最佳答案**。這一點非常重要，答案必須不受問題影

響,不管問題如何表述都能適用。你必須避免因問題的措辭而陷入詳細的討論,例如,希拉蕊針對柯林頓的基金會募款問題的回答是:「我感到非常榮幸能被總統提名為國務卿,也為我的丈夫、柯林頓基金會及他推動的工作成就卓然感到非常驕傲。」[12] 無論共和黨參議員提出的問題有多尖銳,她都做出相同的回應。

4. **聽清楚問題,找出關鍵字或觸發詞。**這有助於你將問題歸類,並從中選出最合適的答案。
5. **正視提問者,自信地作出回應。**

「準備充分」的演講者不會去死記上百個潛在問題的答案,而是會針對問題**類別**做準備,問題的措辭表述並不重要。換句話說:你的目標是在大簡報中啟動小簡報。

你可以運用「桶裝法」重新詮釋問題,引導到對你有利的方向。假設你公司的產品比競爭對手的同類產品更貴,而你也有充分理由能解釋為何價格比較高。無論問題如何表述,你為「價格」這個類別準備的答案才是最重要的。對話可能如下:

顧客:為什麼你們的產品比 X 公司的同款產品貴了 10%?
你:你問到價格【此時,「貴」就是「價格」相關問題的關鍵字,雖然顧客用了不同的措辭,但觸發了你準備好關於價格這類問題的回答】。我們相信本公司的產品在價格上具有競爭力,尤其是能為客戶提高平均 30% 的利潤。最重要的是,我們有業界最優秀的服務團隊,當你需要支援時,你會立刻得到幫助,我們的團隊 24 小時待命、全年無休,這一點是競爭對手做不到的。

我認識一位大型上市公司的執行長，他非常擅長運用這種方法。例如某次棘手會議，有一位分析師要求他回應最大競爭對手的不利評論。這位執行長一聽到「競爭」這個觸發詞後，面帶微笑，自信地保持高姿態說道：「我們對競爭的看法與許多人不同，我們認為，競爭應該保持風度。我們的競爭力是為客戶提供卓越的服務、分享我們對產業未來發展願景。隨著我們的成功，我們會看到更多對手進入市場，這是成為領導者必要的考驗之一。」這位執行長透過這番回應，巧妙地避開了競爭對手的評論，也將焦點重新轉回自家公司的領導地位上。

前國務卿亨利・季辛吉（Henry Kissinger）在被問到如何應對媒體提問時，曾說：「你們對我的答案有什麼提問？」他早已經準備好應對的答案。媒體是很難纏的觀眾，而如今的顧客也是如此，不要讓棘手的問題影響自己的表現。

最好的緊張解方

萬全的準備是克服怯場最有效的方法：清楚知道自己要說什麼、何時說、以及如何說。許多人在簡報時過度關注自己，反而加劇焦慮感。他們會自問：「我的襯衫是不是皺了？第三排那位聽眾怎麼看我？」換句話說，焦點全都在自己身上。反之，試著將焦點從「我」轉移到「我們」，把注意力集中在你的產品或服務如何改變聽眾的生活，同時對自己的準備充滿信心。我曾與幾位身價數百萬甚至數十億的高層合作過。你猜怎麼樣？他們在群眾面前說話時也會很緊張。不過，緊張的有趣之處就是：你練習得越多，就越不會緊張。

我認識一位全球知名的企業領袖，在重大簡報前總是非常緊張，他會透

過極度準備來克服。他會熟記每張投影片的內容，清楚自己要說什麼，也會提前抵達會場，測試音響設備和投影機，並練習播放投影片，甚至知道現場的燈光位置，確保自己絕不會站在陰影中。這就是準備！雖然他會緊張，但這樣的準備過程讓他充滿信心，也使他成為美國企業界最優秀的講者之一。

高爾夫球選手維傑辛（Vijay Singh）每天練習數千顆球，奧運游泳金牌得主麥可·菲爾普斯（Michael Phelps）每週游泳五十英里為比賽做準備，賈伯斯在發表主題演講前也會進行長時間的辛苦排練，各行各業的超級巨星從不把成功寄託在運氣上。如果你想讓觀眾驚歎，就翻開本書開始練習吧！

導演筆記 DIRECTOR'S NOTES

▶▶ 練習、練習、再練習，不要對任何事掉以輕心。檢視每一張投影片、每一步示範、每一個關鍵訊息。你應該清楚知道自己要說什麼、何時說，以及如何說。

▶▶ 錄下自己的簡報排練，不需要錄整場演講，只要前五分鐘即可提供足夠訊息。觀察是否有令人分心的肢體語言和表達習慣，如語助詞。如果可能的話，找別人一起觀察這段影片。

▶▶ 利用「桶裝法」來準備棘手的問題。你會發現，大多數問題都可以歸入七個類別的其中一個。

第16景 »

穿搭合宜服裝

> 一家市值 20 億美元、員工超過 4,300 人的大公司，竟然不敢與六個穿牛仔褲的人競爭，實在難以置信！
>
> ——賈伯斯，在離開蘋果創立 NeXT 後，回應蘋果對他的訴訟

　　賈伯斯與美國女歌手雪兒（Cher）的風格截然不同。在拉斯維加斯演唱會上，雪兒及其舞群換了 140 套服裝，而賈伯斯每場簡報都堅持同一套造型，總是穿著黑色高領衫、褪色牛仔褲和白色運動鞋，更具體地說，他都是穿 St. Croix 的高領衫、Levi's 501 牛仔褲和 New Balance 運動鞋。不過，也不必太在意這些細節，你不可能像他那樣的穿著，他能這麼做是因為他是史蒂夫・賈伯斯，而你不是。老實說，如果你是被譽為重新定義整個電腦產業的傳奇人物，你也可以想穿什麼就穿什麼。

　　一提到賈伯斯，大多數人可能會立刻想到他黑色上衣和藍色牛仔褲的經典形象，就連《辛普森家庭》的動畫創作者在 2008 年某一集中，也讓賈伯斯角色穿上牛仔褲和黑色高領衫。其實賈伯斯並非總是這樣穿，年輕時的賈伯斯為了爭取投資人和公眾的信任，他的穿著要保守得多，1984 年和 2009 年的賈伯斯看起來很不一樣。1984 年 1 月 Macworld 創刊號雜誌封面上，

222 | 跟賈伯斯學簡報

賈伯斯站在桌子後面，桌上擺著三台早期的麥金塔電腦，他穿著一套棕色條紋西裝、棕色領帶和白襯衫。沒錯，賈伯斯曾經穿過條紋西裝！在當年麥金塔的發表會上，他的穿著更是中規中矩，白色襯衫、灰色長褲、深藍色雙排扣西裝外套，還搭配了綠色領結，實在難以想像賈伯斯戴領結的模樣！但這是真的。

賈伯斯很聰明，他的衣著總是體現出他想成為哪一類的領導者，他很清楚服裝會影響人們對他的印象。離開蘋果那段期間，有一次為了推廣新公司 NeXT，要向美國銀行做簡報，當時 NeXT 行銷主管丹尼爾・列文（Dan'l Lewin）穿著牛仔褲到賈伯斯家，準備和他一起去見銀行代表。賈伯斯穿著從威爾克斯・巴許福德（Wilkes Bashford）購入的一套 Brioni 昂貴西裝，對列文說道：「嘿，我們今天是要去銀行。」[1] 對賈伯斯來說，在辦公室穿牛仔褲沒問題，但不適合銀行。

你或許感到困惑，賈伯斯去銀行穿西裝，在辦公室穿牛仔褲，我們能從中學到什麼呢？這讓我想起一位軍事英雄，前美國陸軍突擊隊隊員麥特・埃弗斯曼（Matt Eversmann）曾給過我一個寶貴的穿著建議。埃弗斯曼曾在 1993 年 10 月於東非索馬利亞的首都摩加迪休（Somalia）率領部隊參加一場激烈戰役，他的事蹟後來被改編拍成電影《黑鷹計畫》（*Black Hawk Down*）。我在一次商業會議上遇見埃弗斯曼，向他請教一些能與讀者分享的領導建議，他告訴我，出色領導者的穿著總是比其他人更稍微講究一些。他說，當他首次會見部屬時，他的鞋子總是更亮、襯衫更白、褲子也總是熨得更平整。

我從未忘記這個建議。後來，我採訪男裝連鎖店 Men's Wearhouse 的創辦人喬治・齊默（George Zimmer），也認同埃弗斯曼的觀點，但補充說道：「還要符合文化。」確實有道理，你不會穿著上班的服裝去參加公司野餐。

此外，不同公司也有不同的文化，蘋果崇尚反叛精神和創造力，強調「與眾不同」，因此蘋果員工穿得比華爾街主管更隨興一些，完全不成問題。

等你發明了改變世界的產品時，我們再談論隨興的穿著吧。現在，記住這條最佳穿著建議：總是穿得比其他人更講究一些，但同時要符合文化。

導演筆記 DIRECTOR'S NOTES

- 穿得像你未來希望成為的那種領袖，而不是符合目前的職位，出色領導者穿著總是比現場其他人稍微更講究一點。記住，賈伯斯去銀行尋求資金時，他穿的是一套昂貴的西裝。

- 選擇符合文化的服裝。賈伯斯可以穿著黑色高領衫、藍色牛仔褲和白色運動鞋，正是因為他的品牌一切都建立在顛覆現狀的理念上。

- 如果你想要以叛逆風格示人，至少要有品味。賈伯斯穿的是 St. Croix 的上衣，看起來像普通黑T恤，但好歹價值可不一般。

第17景 ➤➤
拋開腳本

> 要成為卓越品質的標竿，而有些人不習慣凡事追求卓越的環境。
> ——賈伯斯

　　賈伯斯是二十一世紀觀眾心目中完美的簡報大師，這些觀眾期待參與對話，而不是來聽枯燥的講座。賈伯斯的演說風格輕鬆自然，正如前一章提到的，這種隨興感來自長時間的練習，使他在大部分情況下可以不依賴講稿。在示範過程中，賈伯斯會巧妙地把提示稿隱藏起來，但從不逐字唸稿，提示稿只是用來提示下一步的操作而已。整場簡報大多時候，賈伯斯幾乎完全不用講稿。

　　在第8景提到過，大多數講者會製作所謂的「投影片文件」，也就是偽裝成投影片的講稿，成為平庸簡報者依賴的工具，他們會逐字逐句讀著投影片上的內容，甚至經常背對著觀眾。賈伯斯確實有一份講稿，但大部分內容他都記在心裡，他的投影片以視覺效果為主，充當提示工具。每張投影片只有一個關鍵點，而且僅此一個。

　　在 2008 年 Macworld 發表會上，賈伯斯從牛皮紙信封袋中拿出全新

MacBook Air，帶來了驚爆全場的瞬間，隨後開始詳細介紹這款新電腦。正如表 17.1 所示，投影片上的文字極少，但提供了足夠的資訊來引導觀眾理解一個觀點，每張投影片只傳達一個主題。[1]

賈伯斯接著解釋，MacBook Air 採用的是與蘋果其他筆記型電腦和 iMac 相同的處理器。他對英特爾能夠迎接挑戰，創造出一款性能相同但體積縮小 60% 的晶片表示讚歎。隨後，賈伯斯介紹英特爾執行長保羅‧歐德寧出場，對方遞給賈伯斯一顆處理器樣品，這顆晶片小到除了坐在前排以外的觀眾，其他人幾乎看不見，但賈伯斯的笑容點亮了整個會場，他滿懷熱情地說道：「這真是非常了不起的技術！」

五步驟拋開講稿

優秀的演員會在首演之前反覆排練好幾個月，如果有演員帶著劇本上台，觀眾恐怕會立刻離席。雖然演員的台詞都是事先背好的，但我們希望看到自然流暢的表現，而不是死記硬背。你的簡報觀眾也有同樣的期待，想看到說話自然的講者，不會毫無情緒的照本宣科，也不會漫無邊際，且每句話都能切中要點。

以下五個步驟能幫助你熟記講稿，讓你看起來像一位天賦異稟的演員，或是像賈伯斯一樣自然的演講者：

1. **在 PowerPoint 的「備忘稿」區域寫下完整講稿。** 不必花太多時間精細修改，只要用完整的句子表達你的想法，不過要注意盡量保持每段內容簡明扼要，不超過四到五句。
2. **在每句話中標記或劃出關鍵字，然後開始練習簡報。** 試著完整順過一遍

表 17.1 賈伯斯 2008 年 Macworld 簡報：一張投影片一個主題

賈伯斯的口說內容	投影片同步顯示的內容
「這是全球最輕薄的筆記型電腦。」	只有文字：「全球最輕薄的筆記型電腦」
「打開時會發現有一個磁吸式扣鎖；沒有鉤子會勾到你的衣物。」	電腦照片，螢幕左側寫著「磁吸式扣鎖」
「配備全尺寸的 13.3 吋寬螢幕顯示器。」	電腦照片，黑色顯示器中間寫著「13.3 吋寬螢幕」
「這款顯示器太好了，採 LED 背光技術，不但省電、明亮，而且一開機就啟動。」	電腦照片，螢幕左側寫著「LED 背光技術」
「顯示器上方有內建的 iSight 攝影機，開箱即用，可輕鬆進行視訊會議。」	電腦照片淡出，露出顯示器上方的 iSight 攝影機
「再往下看，你會看到一個全尺寸的鍵盤，這可能是我們生產過最棒的筆記型電腦鍵盤，真的是無與倫比。」	鍵盤照片，螢幕左側寫著「全尺寸鍵盤」
「我們有很寬大的觸控板，非常實用。我們還內建多點觸控手勢支援，操作更方便。」	觸控板照片，螢幕左側寫著「多點觸控操作」
「你們看看，這個產品是多麼精美、纖薄。那麼，我們是如何把 Mac 裝進這裡的？我對於我們的工程團隊能做到這一點，還是覺得很驚歎。」	電腦側面照片，文字顯示「我們是如何把 Mac 裝進這裡的？」
「真正的魔力在於電子技術。這是 Mac 完整的主機板。有什麼特別的呢？這就是主機板的尺寸【未提及鉛筆，投影片的視覺效果顯而易見】，真的非常小，能把一整台 Mac 裝在這塊板子上，實在是一項驚人的工程壯舉。」	主機板的照片與鉛筆並排顯示，主機板的長度比鉛筆還要短
「我們在性能上從不妥協，MacBook Air 配備英特爾 Core 2 Duo 處理器，這是一個非常快速的處理器……簡直飆速。」	英特爾 Core 2 Duo 微處理器的照片

講稿，不要擔心會出錯或遺漏某些要點，練習僅需快速掃瞄關鍵字，就可以幫助你回憶內容。

3. 簡化演講稿，去除多餘的文字，只保留關鍵字。再練習一次簡報，這次只用關鍵字來提示。

4. 記住每張投影片的「一個」核心概念。問自己：「我希望觀眾從這張投影片記住的一件事是什麼？」投影片上的視覺內容應該與這個主題相輔相成。例如，賈伯斯在介紹 MacBook Air 內建的英特爾 Core 2 Duo 處理器的時候，他的投影片上只顯示了處理器的照片。他希望觀眾知道的「一件事」是：蘋果打造了一台超輕薄的電腦，但性能依然卓越無比。

5. 練習整個簡報過程，完全不依賴講稿，只靠投影片提示。當你完成這五個步驟之後，你已經針對每張投影片練習四遍，遠超過一般簡報者投入的練習時間。

現在讓我們實際應用這五步驟，練習不依賴講稿。我曾看過一則關於先鋒集團（Vanguard）免手續費共同基金的廣告，[2] 畫面中有兩個水杯，左邊杯子水量很少，右邊杯子則裝滿水，標題寫道：「成本越低，獲利越多。」像這樣的廣告是生動的視覺化投影片設計的絕佳範例。假設這則廣告是一張投影片，表 17.2 顯示根據五步驟方法撰寫而成的假想講稿（內容是根據先鋒集團的行銷資料編寫的）。

你最後在正式簡報時，如果備忘稿能讓你安心，當然可以準備在身邊。蘋果的 Keynote 簡報軟體有個很大的優點，就是能讓講者在電腦螢幕上看到備註筆記，而觀眾只看到投影片。無論你是用哪種軟體，只要充分練習，你會發現其實根本不需要依賴筆記。

表 17.2 用五步驟法則拋開講稿

步驟	簡報講稿
1	你的投資成本非常重要，可能會直接影響到你的長期獲利。一般而言，成本越低，獲利越多。許多投資公司標榜低成本，但實際收費卻比我們高出六倍，這可能會讓你損失數千美元。比方說，如果你以 8% 的報酬率投資一萬美元二十年期，與業界平均相比，選擇我們的基金可額外獲利五萬八千美元。
2	你的**投資成本**非常重要，可能會直接影響到你的長期獲利。一般而言，**成本越低，獲利越多**。許多投資公司標榜低成本，但實際收費卻比我們**高出六倍**，這可能會讓你損失數千美元。比方說，如果你以 8% 的報酬率投資一萬美元二十年期，與業界平均相比，選擇我們的基金可**額外獲利 58,000 美元**。
3	投資成本非常重要 成本越低，獲利越多 高出六倍 額外獲利 58,000 美元
4	成本越低，獲利越多
5	試著不看備忘稿練習一次。投影片顯示兩個水杯的圖像，一杯空的，一杯滿的，這應該足以用來提示，順利講解步驟 3 的四個要點。

必要時如何有效利用筆記提示

備註筆記本身並沒什麼不好。在 2007 年 Macworld 的 iPhone 發表會上，有位部落客拍到一個珍貴畫面，是賈伯斯示範操作時用的筆記，這些筆記裝訂得整整齊齊，用彩色標籤分隔不同的部分。部落客的照片顯示筆記正好翻到賈伯斯示範 iPhone 網路功能那一頁。四個主要分類以巨大粗體字清楚地

標示：Mail、Safari、Widgets、Maps，[3] 在每個主要分類下方還列出二至五個輔助要點。以下是 Maps 頁面上的內容：

Maps
- 莫斯康中心西館
- 星巴克訂購四千杯拿鐵咖啡外帶
- 華盛頓紀念碑
- 顯示衛星影像
- 艾菲爾鐵塔、羅馬競技場

僅此而已。這些筆記正是賈伯斯需要的提示，足以引導他帶領觀眾進行特定的操作示範。

賈伯斯一開始告訴觀眾，他想介紹一些「真的很不可思議」的東西，也就是在 iPhone 上的 Google 地圖。他首先打開應用程式，找到舊金山的位置，畫面放大至 Macworld 的會場莫斯康中心西館的街道視圖。

接下來他輸入「星巴克」，搜尋附近的分店，然後他用 iPhone 撥打最近星巴克的電話，訂了四千杯咖啡外帶，第 12 景描述過這場有趣的惡作劇。賈伯斯表現得像是即興發揮，但直到看到賈伯斯在舞台上的筆記照片，我才知道這個拿鐵惡作劇是事先編排好的。再次顯示賈伯斯對任何事都不會掉以輕心。

第三個示範是參觀華盛頓紀念碑，輕點螢幕將地圖放大。第四，他選擇將地圖換成衛星照片，顯示出華盛頓紀念碑的即時影像，驚呼：「這不是太不可思議了嗎？就在我的手機上！」最後，他又展示了艾菲爾鐵塔和羅馬競技場的衛星影像，並總結說道：「手機上就能看到衛星影像，簡直不可置

信！這不是很驚人嗎？」[4]賈伯斯確實照著寫好的腳本進行示範，但腳本早已經過充分排練，因此只要幾個關鍵字就足以提示他該怎麼做。

是的，賈伯斯的簡報舞台展現出輕鬆對話的感覺，但你應該知道，要做到「輕鬆對話」需要大量練習。**練習方式**很重要，利用投影片做為你的提詞工具，每張投影片只呈現一個主題和幾個支持要點。就算你忘記某些支持點，至少不會漏掉關鍵主題。

最重要的是，拋開腳本和講稿。腳本會妨礙你與觀眾建立情感聯繫，削弱簡報效果，有效的戲劇效果能將一場普通的簡報轉變成難忘的經歷，而腳本只會成為阻礙。

喬爾·奧斯汀激勵數百萬人的祕訣

喬爾·奧斯汀（Joel Osteen）是休士頓湖木教會（Lakewood Church）的超人氣牧師，每週大約有四萬七千人當面聆聽他講道，還有數百萬人透過電視收看。

奧斯汀以閒話家常的風格講道，即使每週要設計三十分鐘的內容，他總是能順利進行，很少出錯，他是如何做到的呢？首先，他全心全意地投入。奧斯汀會從每週三開始準備講道內容，花大約四天的時間練習。其次，他會利用筆記，但每次看筆記時都非常低調，他的筆記放在講台上，但從不固定站在講台後面，這樣讓他能夠與觀眾保持眼神交流，並展現開放的姿態。他從不會直接讀筆記，而是走到講台後，快速瞄一眼，再走到前面，將訊息直接傳達給信眾。

導演筆記 DIRECTOR'S NOTES

>> 除非有特殊情況需要遵循逐步流程,例如示範操作需要一步接一步的過程,否則不應該依賴筆記。

>> 若真有必要用到筆記,每張紙或提示卡上最多列出三到四個大字體要點。為每張投影片準備一張提詞卡,如果你使用 Keynote 或 PowerPoint 的備忘稿功能,請將要點限制為三至四個以內,最好是只列一個。

>> 利用投影片上的視覺元素,提醒自己傳達每張投影片的唯一主題,亦即核心訊息。記住「一張投影片一個主題」。

第18景
樂在其中

> 人人都想擁有一台 MacBook Pro，因為真的太酷了。
> ——賈伯斯

2002 年，Mac OS X 才剛推出，蘋果公司努力想讓客戶和開發者接受這個新系統，賈伯斯決定在蘋果全球開發者大會上，讓這個問題徹底安息。

簡報開始時，台上不見賈伯斯的身影，只看到白色煙霧籠罩著一具棺材，背景播放陰鬱的管風琴音樂。賈伯斯終於從幕後走出來，走到棺材旁，打開蓋子，取出蘋果舊操作系統 OS 9 的巨型模型。觀眾立刻明白了他的幽默，隨即爆出笑聲與掌聲。

這個玩笑還沒結束，賈伯斯將之發揮到極致。OS 9 的模型躺在棺材中時，賈伯斯拿出一張紙，開始為這款軟體致悼詞，「Mac OS 9 是我們大家的朋友，」他開場說道：

OS 9 不辭辛勞地為我們工作，總是支持我們的應用程式，從不拒絕任何指令，總是隨傳隨到，除了偶爾忘記了自己是誰，需要重新啟動。

OS 9 誕生於 1998 年 10 月……我們今天聚集在此悼念 OS 9 的離世，已經進入天上的數位資源回收桶，無疑正帶著每次開機時那個微笑，俯瞰著我們。Mac OS 9 的後繼者是 Mac OS X……請各位與我一起默哀，懷念我們的老朋友，Mac OS 9。[1]

賈伯斯走回棺材旁，蓋上棺木，然後輕輕地在上面放了一朵玫瑰花。觀眾完全被逗樂了，笑聲此起彼落。賈伯斯達到了他的目的，同時自己也樂在其中。

賈伯斯玩得很開心，這點表露無遺。他的簡報儘管經過長時間的規畫和準備，反覆的排練，還有對每張投影片和每個示範操作細節近乎瘋狂的執著，但有時還是難免出錯。然而，賈伯斯從來不會讓小問題影響他的情緒，不管示範是否順利，他都會享受其中的樂趣。

賈伯斯在談到 iPhone 市場潛力時說道：「讓我們來看看這個市場有多大。」突然間他的投影片無法切換，「我的遙控器好像壞了，」他說著，然後走到舞台右側檢查電腦，此時投影片似乎動了，「哦，也許還能用。不，還是不行。」賈伯斯拿起另一個遙控器，但也無法正常運作。他笑著說：「遙控器壞了，現在後台工作人員肯定手忙腳亂。」[2] 觀眾笑了起來。嘗試幾秒鐘後，賈伯斯乾脆停下來，微笑著分享以下的故事：

這讓我想起高中時期，史蒂夫・沃茲尼克和我做了一個小裝置——主要是沃茲做的——叫做電視干擾器。這是一個小型振盪器，可以發出干擾電視的頻率。沃茲會把它藏在口袋裡，我們會跑去他就讀的柏克萊大學宿舍，一群人正在看影集《星際爭霸戰》。他開始暗中干擾電視，有人會走過去修理，他們才剛要起身離座時，他會讓電視恢復正常，

然後再度干擾。不到五分鐘，他就能把某個人搞成這副模樣【做出身體扭曲的動作】……好了，看起來搖控器好像恢復正常了。[3]

在這段一分鐘的故事中，賈伯斯展現他少為人知的一面，讓他顯得更人性、更可愛、也更自然。他始終保持冷靜，我曾見過一些經驗豐富的演講者，遇到比這更小的問題就亂了陣腳。

有位 YouTube 用戶發布一段五分鐘的影片，展示賈伯斯演講時的「出包」片段。[4] 賈伯斯每場主題演講都經過極為精細的準備，還會出現影片中各種狀況，著實令人驚訝。這段出包集錦證明，即使是最完美的計畫也難免有突發狀況：投影片無法切換、出現錯誤的內容、或是現場操作失靈。這些情況可能發生在任何充分準備的演講者身上，也很可能會發生在你身上。

從這也可以看出，平庸簡報者和像賈伯斯這樣的大師之間的差別：當現場出現意外時，賈伯斯總能以冷靜自信的態度應對，觀眾看到的是一位完全掌控內容的表演者。如果某個環節出了問題，賈伯斯不會糾結於此，也不會讓問題引起關注，而是會微笑以對，輕鬆幽默地向觀眾解釋原本應該看到的內容，然後繼續進行簡報。

不必為小事驚慌失措

在 2008 年 Macworld 大會上，賈伯斯示範 Apple TV 的功能，他即時連線到照片分享網站 Flickr，挑選了幾個類別，要向觀眾展示如何從網站上選擇照片，顯示在客廳的寬螢幕電視上。可惜，此時螢幕突然變黑，嘗試了大約二十秒之後，賈伯斯對觀眾笑了笑說：「嗯，恐怕這次 Flickr 不提供照片了。」[5]

賈伯斯從不讓舞台上的突發狀況干擾他的表現，反而會坦承問題存在，繼續進行示範，總結內容，而且全程樂在其中。他在結束 Apple TV 的展示時說道：「你可以透過你的寬螢幕電視收看這一切：電影、電視節目、音樂、podcast、來自 dot-Mac 的照片，以及 Flickr 的照片──當 Flickr 正常運作時！這就是我今天想展示給大家看的，是不是很精彩？」[6] 雖然示範過程中出現了一點瑕疵，卻絲毫無損賈伯斯對產品的熱情。

無論準備得多麼充分，事情總可能──甚至非常可能──不按計畫發展。注意，我沒有說事情「出錯」。只有當你過分關注問題或讓它破壞了你的整場簡報，才算真正出錯了。人們來到現場是希望聽你分享，了解那些可能改善他們生活的產品、服務或新計畫。

當現場演示進行得不像彩排那麼順利時，賈伯斯總是保持冷靜，他會說：「哎呀，這不是我預期的」或「這東西有點問題，來幫忙一下吧」。他會很冷靜地花時間解決問題。

在某次簡報中，賈伯斯沒能讓數位相機正常運作，他便拿此事開玩笑，把相機丟給前排一位蘋果員工，說道：「我需要一位專家來幫忙修理，這對我來說太技術性了。當它正常運作時，真的很酷哦。」[7] 就這麼簡單，**當它正常運作時，真的很酷哦！**

想像一下，一位花式溜冰選手正在表演精心編排的舞蹈，你知道任何一點小失誤都可能讓她摔倒，當她真的摔倒時，你不禁替她打了個冷顫，但也希望她能重新站起來，以精彩的表現完成表演。同樣的道理也適用於你的觀眾，除了你自己以外，沒有人期望你做到完美，只要你能快速重新振作，觀眾會包容小小的失誤。

在賈伯斯因肝臟移植請假期間，關於他透露的病情、應該透露多少、是否應該更早公開等事，媒體有大量報導。賈伯斯顯然對媒體感到不滿，甚

至打電話給一些記者，譴責他們報導了他希望保密的隱私。當部落客和記者都在爭相挖掘他的病情真相時，我很訝異賈伯斯在簡報時依然保持著他一貫的幽默感。

2008年9月，賈伯斯在蘋果全球開發者大會的舞台上登場，說道：「早安。感謝大家今早蒞臨現場，我們有一些非常精彩的東西要與各位分享。不過，在開始之前，我想先談一下這件事。」他指向身後的投影片，上面只有一句話：「我的死訊報導被過度誇大了。」賈伯斯對觀眾說，「不多說了，」隨後立刻繼續他的簡報，[8] 觀眾爆笑並熱烈鼓掌。當然，媒體和投資者還想要更多訊息，但這就是賈伯斯此刻願意透露的，他也樂於拿這件事開玩笑。

現在，資訊娛樂登場！

大多數商業傳播者都忽略了一個事實，那就是觀眾希望在吸收資訊的同時也能享受樂趣。賈伯斯將簡報視為一種「資訊娛樂」（infotainment），他不僅教你新知識，也讓這個過程充滿趣味，對於他的觀眾而言是最完美的體驗。許多企業人士在簡報時並不常微笑，也不太享受當下，他們過度陷入「簡報模式」，反而失去對自己的公司、產品或服務的真正熱情。而賈伯斯每次走上舞台時，總是帶著燦爛的笑容、輕鬆的笑聲，有時還會講幾個笑話（通常是調侃微軟的）。

2003年10月16日，賈伯斯在介紹完蘋果與AOL的新音樂合作、以及iTunes新功能後，觀眾以為主題演講已經結束了，但賈伯斯還有「最後一個功能」要介紹，他表示，這是一個「很多人認為我們永遠不會添加的功能，除非發生了這件事，」此時他指向投影片，上面寫著：「地獄結冰」，接著說：「今天我要向大家報告，這件事確實發生了。」[9] 在這番介紹之後，

賈伯斯宣布推出 Windows 版的 iTunes。當賈伯斯說「Windows 版的 iTunes 可能是 Windows 有史以來最棒的應用程式！」，觀眾笑得更大聲了，賈伯斯顯然也很享受觀眾的反應。

蘋果共同創辦人史蒂夫・沃茲尼克曾表示，他和賈伯斯有兩個共同喜好：電子產品和惡作劇。賈伯斯從七〇年代初期和沃茲一起在父母的車庫裡組裝電腦時，就有一股將個人電腦帶入大眾生活的使命感，這股「精神」在他每一次的簡報中都能感受到。賈伯斯的簡報風格充滿熱情、振奮人心、內容豐富，最重要的是，充滿樂趣。從各方面看來，這些都是自然而然的，正反映出他一貫的生活態度。

賈伯斯 2009 年請假期間，由於外界對他健康狀況的揣測、可能缺乏創新產品、以及對高層人事異動的擔憂，蘋果的股價大幅下跌。許多觀察家開始質疑，沒有賈伯斯的蘋果是否還能成功？分析師吳肖（Shaw Wu）對此抱持不同看法，他認為蘋果即使沒有賈伯斯也能夠蓬勃發展，因為他的精神早已「制度化」了。吳肖表示蘋果有一種非凡的能力，能夠吸引那些渴望改變世界的勤奮企業家。

▶▶ 樂在其中的創辦人

「我並沒有什麼祕訣，商業中沒有固定的法則可依循。我只是努力工作，始終相信自己能夠達成目標。不過最重要的是，我總是樂在其中。」──理查・布蘭森（Richard Branson，維珍集團創辦人）

《電腦世界》雜誌評價說，賈伯斯是一位大師級表演者，他將新產品的發表提升為一種藝術形式，並祝願賈伯斯早日康復，能夠再次帶領公司，也可以再度登上發表會的舞台。[10]

三十多年來，賈伯斯以他的魅力征服全世界。無論你是「Mac」還是「PC」用戶，都應該感激賈伯斯，讓我們有機會搭乘他的「魔幻旋轉船」，如同他最喜愛的歌手巴布‧狄倫在〈鈴鼓先生〉（Mr. Tambourine Man）中的吟唱。[11] 這是一段輝煌的旅程，如果你仔細觀察，賈伯斯留下的經驗能幫助你更成功地推銷你的想法，遠超乎自己的想像。

導演筆記 DIRECTOR'S NOTES

▶▶ 將簡報視為「資訊娛樂」的融合，你的觀眾希望能吸收新知，同時也能享受樂趣。只要你樂在其中，觀眾也會感受到你的熱情。

▶▶ 在台上有小狀況時無需道歉，放大問題對你沒有任何好處。如果簡報中遇到小問題，坦然面對，微笑處理，然後繼續進行。如果只有你自己察覺到問題，就不要引起他人關注。

▶▶ 改變你的思維方式，就算事情沒有按計畫進行也不算「出錯」，除非你讓這個問題影響到整場簡報。掌握全局，享受過程，把小問題拋諸腦後。

謝幕 >>

還有一件事

> 持續渴望，常保傻勁。（Stay hungry, stay foolish.）
> ——賈伯斯

賈伯斯都會讓觀眾充滿期待，他經常（並非總是）會在演講接近尾聲時給觀眾「還有一件事」（one more thing）的驚喜。例如2000年1月5日的Macworld發表會上，賈伯斯就是在簡報最後宣布將回歸蘋果擔任全職執行長，正式去除「代理」頭銜，這種意外驚喜成為觀眾期待的亮點。由於觀眾總是期待「還有一件事」，賈伯斯並不是每次都會滿足這個期望，如果大家都知道驚喜即將到來，那就不再是驚喜了！

因此，秉承賈伯斯的風格，我也想在這裡討論「還有一件事」。2005年6月12日，賈伯斯在經歷過罕見的胰臟癌治療後，於史丹佛大學的畢業典禮上發表演講。這場演講迅速在網路上爆紅，成為YouTube上最受歡迎的畢業典禮演講之一，甚至遠超過其他知名演講者，如歐普拉、《最後的演講》（The Last Lecture）作者蘭迪・鮑許（Randy Pausch）和《哈利波特》作者J.K. 羅琳。

賈伯斯在這篇演講中運用了許多相同的技巧，使他的演說極具震撼力。當天唯一缺少的就是投影片，其餘部分完全是經典的賈伯斯風格，我摘錄了

一些片段,來展示他如何運用卓越的訊息傳遞與簡報技巧,完成這場如今家喻戶曉的演說,也強烈建議你到史丹佛大學的網站觀看完整的演講。[1]

今天我想跟大家分享三個我生命中的故事,就這樣,沒什麼特別的,就三個故事。

我們再次看到「三法則」(參見第 5 景)在賈伯斯的訊息中發揮關鍵的作用。他透過告訴聽眾會有三個故事,不是一個也不是四個,而是**三個**,為台下聽眾提供了清楚的路線圖。這場演講的架構非常簡單:開場、三個故事、結尾。

第一個故事是關於串連人生的點滴。

賈伯斯開始講述他的第一個人生故事,他在里德學院(Reed College)只就讀六個月就輟學。賈伯斯說,一開始他覺得很不安,但最後還是找到出路,因為他可以繼續旁聽自己感興趣的課程,比如書法。十年後,他將字體美學融入麥金塔,他「串連起人生點滴」。

它很美、有歷史韻味、藝術上的細膩之處是科學無法捕捉的,我為之著迷。

賈伯斯在年輕時就找到了對簡約和設計的熱情。他發現自己的使命感,那股改變世界的熱忱也未曾遲疑回頭。分享你對事物的熱情,這股熱忱會變得很有感染力。

謝幕 >> 還有一件事 | 241

我的第二個故事是關於愛與失落。

賈伯斯在這部分談到他二十歲時愛上電腦，與好友沃茲分享這份熱情，十年內創造一家價值二十億美元的企業，卻在三十歲時被蘋果董事會解雇。

我深信，讓我堅持下去的唯一動力，就是我熱愛我所做的事。你必須找到自己的熱情所在。

熱情始終是賈伯斯生活中的核心主題，他深信自己之所以成功，是因為他追隨了內心的熱情，這一點確實有其道理。記住，如果你對自己要傳達的資訊欠缺真正的熱情，那麼賈伯斯的任何簡報技巧對你都發揮不了作用。找出你真正熱愛、每天都迫不及待起床去做的一件事。一旦找到了，你就找到屬於自己的使命。

我的第三個故事是關於死亡。

這一句話開啟整場演講中最感人的部分。賈伯斯回憶起他被醫生告知自己得了胰臟癌的那一天，他當時以為自己只剩三到六個月的生命，結果這種病症被證實是非常罕見、可治癒的病，但這段經歷在賈伯斯心中留下難以磨滅的印記。

沒有人想死，即便是那些渴望上天堂的人，也不想透過死亡抵達天堂。

賈伯斯總是風趣，即使面對沉重的話題，也能融入一絲幽默感。

你的生命有限，不要浪費時間去過別人的生活；不要被教條束縛而活在別人的想法中；不要讓別人的意見淹沒了你自己內心的聲音。

這段話是強而有力的修辭法「首語重複」（anaphora）的範例，也就是在連續句子中重複相同的詞語。經典例句如馬丁・路德・金恩的「我有一個夢想……我有一個夢想……我今天有一個夢想。」從邱吉爾到金恩、從雷根到歐巴馬，偉大的政治演說家都曾運用過首語重複法來建構有力的論點。賈伯斯則展現出，這種經典句式結構不僅僅屬於政治領袖，對於任何想要吸引觀眾的人都同樣適用。

最重要的是，要有勇氣聽從自己的心聲和直覺，你的內心深處似乎已經知道自己想成為什麼樣的人……持續渴望，常保傻勁。

賈伯斯在演講結尾帶出了他的標題、關鍵主題和建議，也就是持續渴望，常保傻勁。我們在前面討論過，賈伯斯會在演講中多次強調自己的核心理念，在這段結尾中，他三度重申了「持續渴望，常保傻勁」。

賈伯斯的演講透露了他成為企業領袖和傳播大師的成功祕訣：做自己熱愛的事，將挫折視為契機，並全心全意追求卓越。無論是設計新電腦、推出新產品、經營蘋果公司、管理皮克斯，還是發表簡報演說，賈伯斯始終堅信他的人生使命。這也是賈伯斯最後傳授給我們最重要的課題──相信自己與自身故事的力量。賈伯斯一生都聽從內心的指引，你也可以追隨自己的內心，去打動觀眾，將很快就能打造出極致精彩的簡報。

附錄 》

賈伯斯風格的簡報

> 正是技術與人文藝術的完美結合，才能真正打動人心。
>
> ——賈伯斯

　　如果你在網路上搜尋蘋果 iPad，並包含「magical」（神奇）和「revolutionary」（革命性）關鍵詞的相關文章，會發現超過兩百萬筆的連結。這樣的詞彙選擇非常有意思，因為在 2010 年 1 月 27 日早上十點之前，許多評論家都對 iPad 的市場需求持懷疑態度，認為消費者沒必要再多一款新的電子產品。然而，到了十一點發布後，他們的質疑聲全都成了對 iPad 的擁護。

　　繼 iPad 發表後，賈伯斯在隨後的簡報中陸續推出更多新產品，包括 iPhone 4、iPad2 和 iCloud（並非具體裝置，而是在 2011 年 6 月首次推出的全新服務），每次發表會都充滿典型的賈伯斯風格。以下來看看他如何在每場簡報中震撼觀眾，以及你可以如何運用這些技巧，像賈伯斯一樣推銷你的創意與產品。

> **介紹 iPad 登場**
> 比筆記型電腦更貼近人心,比智慧型手機功能更強大。——賈伯斯

iPad:2010 年 1 月 27 日

「福斯商業新聞」(Fox Business News)的一位製作人曾邀請我參加晨間節目,預先介紹賈伯斯在舊金山 Yerba Buena 活動中心發表 iPad 的重大公告。在這場發表會之前,關於蘋果新款「平板電腦」的猜測甚多,但都沒有官方公布,我能做的就是按常理討論賈伯斯會如何向全球介紹這款全新類別的設備。果不其然,賈伯斯確實遵循劇本,運用你從本書讀到的每一個原則逐步開講。這場發表會本身對於蘋果、科技業和各行各業的企業傳播者來說,都是一次劃時代的突破。

創造推特式的標題

賈伯斯的第一張投影片就展現主題,也預告了 iPad 的標語,他表示:「今天,我們希望以一款真正神奇且革命性的產品,揭開 2010 年序幕。」[1] 在簡報結束時,賈伯斯用一句話對 iPad 作出總結:

> 我們以最尖端的技術,打造出一款神奇且革命性的產品。

推特的字數上限是 140 個字元,因此賈伯斯完全能將這段描述發布到推特,而且還有足夠空間讓大家轉發和發表評論。

人的大腦在接收訊息時會先尋求意義,才關注細節。在講解細節前先

呈現大致框架,如果你無法在140個字元以內將產品或服務描述清楚,就代表你該重新思考了。

設定反派角色

每一部優秀的書籍或電影都有英雄與反派的角色,不妨也將簡報視為一場戲劇表演,包含主角與對手。在iPad簡報中,反派角色就是當時正逐漸流行的「小筆電」(Netbooks)這種裝置。賈伯斯在展示iPad這位英雄之前,花了兩分鐘談論他敘事中的反派角色:

我們大家都在用筆記型電腦和智慧型手機,但最近有個問題浮現,那就是介於這兩者之間,是否還有空間容納第三類型裝置?要想創造一個全新的裝置類別,這裝置在執行某些關鍵任務上,必須表現得比筆記型電腦和智慧型手機更出色。哪些任務呢?比如說網頁瀏覽,這可是個大挑戰!有什麼裝置能比筆電更容易瀏覽網頁的?還有收發電子郵件、欣賞和分享照片、觀看影片、享受音樂、遊戲體驗、閱讀電子書。如果這第三類裝置無法在這些任務上優於筆電或智慧型手機,也就沒有存在的意義。現在,有些人認為「小筆電」可以填補這個空缺,問題是小筆電在各方面表現都不夠好,速度很慢,顯示效果很差,而且搭載過時笨重的PC軟體,各方面都比不上筆記型電腦,只是比較便宜而已,算是價格低廉的筆記型電腦,我們不認為那算是第三類裝置。但是,我們認為蘋果有一款真正屬於這類別的產品,今天要首次亮相,我們稱之為iPad。[2]

透過介紹反派角色——一個急需解決的問題——賈伯斯解答大多數人

心中的疑問：「為什麼我需要第三種裝置？」賈伯斯直接處理了這個問題，甚至運用設問的修辭技巧。你的聽眾會想知道：「這對我有什麼好處呢？」不要讓他們猜測。反派角色可以是一個競爭對手或類別，或在許多情況下是一個需要解決的問題。

堅守三法則

人類大腦的短期記憶只能處理三個資訊點，賈伯斯深知這一點，經常將他的內容分為三個要點來呈現。以下是在 iPad 發表會中的一些範例：

- 簡報一開場，賈伯斯介紹「三項最新動態」，分別是 iPod 銷售成績、零售店的擴展，以及 App Store 受歡迎的程度。
- 談到 iPod 總銷量突破 2.5 億台時，賈伯斯表示 iPod 徹底改變了消費者「探索、購買和享受音樂」的方式。
- 賈伯斯表示小筆電有三大缺點：速度慢，顯示效果差，還搭載「笨重」又過時的 PC 軟體。
- 賈伯斯拿起 iPad 示範新功能時，特別聚焦於三大特色：網頁瀏覽、電子郵件和照片管理。
- 賈伯斯介紹全新的 iBooks Store，完善了蘋果數位內容三大領域：iTunes Store、App Store，再加上新推出的 iBooks Store。
- iPad 提供三種容量選擇：16GB、32GB 和 64GB。

發揮簡約禪意

在 iPad 發表會上，賈伯斯的「內在禪意」展現得淋漓盡致。簡報的投影片之所以令人印象深刻，是因為文字極為精簡，但充滿吸引人的視覺元

素。前三分鐘投影片內容加起來的文字，比大多數講者的單張投影片還少（只有 4 行文字、5 張照片、和 5 個數字），參見表 1。

表 1：2010 年 1 月 27 日 iPad 發表會，口說內容搭配的視覺展現[3]

賈伯斯的口說內容	投影片同步顯示的內容
「我們希望以一款真正神奇且革命性的產品，揭開 2010 年的序幕。但在此之前，我有一些最新消息要與各位分享。」	蘋果的商標
「第一件事是關於 iPod。」	iPod 圖
「幾週前，iPod 總銷量突破 2.5 億台，改變了我們探索、購買和享受音樂的方式。」	數字：250,000,000
「第二件事是關於我們的零售商店。」	Apple Store 圖
「我們現在有 284 家零售商店。」	文字：284 家零售商店
「在上一季度，也就是假日季，我們的零售商店吸引超過五千萬訪客來店光顧。」	文字：上一季度 50,000,000 訪客
「其中之一就是我們在紐約市新開的第四家分店，真是美極了。這是開幕前拍的照片，之後可能看不到這麼完美的狀態了。能將這些提供卓越購物體驗的商店帶進顧客的社區，感覺真棒。」	紐約市 Apple Store 的照片
「接下來是關於另一種形式的商店：App Store。」	蘋果的 App 標誌
「我們目前在 App Store 已有超過十四萬個應用程式。」	文字：App Store 有 140,000 個應用程式
「幾週前，我們宣布 App Store 的應用程式下載達三十億次。」	文字：應用程式下載達 30 億次

使用生動詞彙

賈伯斯會避免用商業人士常用的術語和艱澀語言，而是真誠直率地表達自己的熱情。如果他覺得某樣東西很「酷」，他會直接告訴你。以下是他在 iPad 發表會的一些實例：

「這真的很不可思議。」

「這種感覺真棒。」

「這現象實在令人驚歎。」

「實在棒得超乎想像。」

「太酷了。」

「打字像是夢幻般的享受。」

「畫質精美無比。」

「極速驚人。」

我並不是要你直接照抄這些用語，但如果你對自家產品充滿熱情，就讓觀眾感受到吧，他們會願意讓你表達熱情的。

善用示範道具

賈伯斯精心策畫 iPad 的發表會，不光只是播放投影片和示範如何操作，他還走到擺放著舒適皮椅和小咖啡桌的舞台中央，從桌上拿起 iPad，悠閒地坐進椅子裡，然後說：「這比筆記型電腦更貼近人心，比智慧型手機功能更強大。」

不要總是把「道具」想成是實體的舞台布置，道具也可以是簡單的小事，像閱讀信件（這年頭還是有人寫信的）、在翻頁板上書寫、或是展示實

體產品，都能更豐富你的簡報內容。將道具看作是任何能讓觀眾將注意力從投影片轉移的元素，給觀眾一個暫時喘息的機會，重新聚焦，他們會感激這種轉換的。

務必反覆排練

iPad 發表會持續了大約九十分鐘，共有七位講者參與，每一位講者都被分配固定的發言時間，而且得在蘋果員工面前進行排練，以確保示範順利進行，並準時完成，絕不超過預定時間。

在蘋果的簡報中，為了一段五分鐘的示範，往往需要投入多達一百小時的準備和練習。你最近的一次簡報花了多少時間練習？如果表現不如預期，可能需要考慮投入更多排練時間。

樂在其中，激勵人心

在 iPad 發表會結束時，賈伯斯再次強調他推特風格的標語，他放慢語速說道：「總結來說，iPad 是我們以最尖端的技術，打造出一款神奇且革命性的產品，價格也令人難以置信。」

賈伯斯接著與觀眾分享了蘋果的獨特之處：「蘋果之所以能創造像 iPad 這樣的產品，是因為我們一直致力於將科技與人文藝術融合。當你感受到如此強大的力量與樂趣時，你再也不會想回到過去了，我們希望大家能像我們一樣愛上 iPad。」[4]

你上次在演講中聽到「愛」和「樂趣」這些字眼是什麼時候的事？這正是賈伯斯與一般講者的區別，他敢於表達對自家品牌的真實感受，並傳遞這份熱愛。

> **iPhone 4 產品上市**
> 這絕對是我們創造過最美麗的產品之一。──賈伯斯

iPhone 4：2010 年 6 月 7 日

賈伯斯在蘋果全球開發者大會上介紹 iPhone 4，簡報過程中出現了小事件，這對蘋果發表會來說是非常罕見的，使這場發表會成為新聞焦點。然而，賈伯斯處理這次意外狀況的方式，堪稱簡報準備工作的典範。接下來將討論這次事件和其他幾個值得注意的時刻。

創造推特式的標題

根據賈伯斯的說法，iPhone 4 將標誌著「自第一代 iPhone 以來最大的突破。」[5] 你可以說這更像是自誇而非標語，但如果你在網路搜尋「最大的突破（biggest leap） iPhone 4」這個詞，會發現有數百萬條相關連結。不管你是否認同賈伯斯的描述並不重要，這是蘋果和賈伯斯**選擇**的表述方式，他們為媒體、部落客和消費者精心建構了這個敘事。

賈伯斯在介紹標語之前，也花了一些時間鋪陳故事背景。他本來可以直接說：「自第一代 iPhone 推出以來已經三年了，我們覺得應該更新了，這就是新款的 iPhone。」然而，賈伯斯選擇花幾分鐘來回顧 iPhone 的歷史。他提到，在 2007 年蘋果推出 iPhone，重新定義了手機，2008 年蘋果新增 3G 網路和廣受歡迎的 App Store，2009 年 iPhone 3Gs 的速度提升了兩倍，還加入了像錄影功能等酷炫的新特色。最後，在 2010 年，他說：「我們將帶來自第一代 iPhone 以來最大的突破。」

大多數演講者只會簡單介紹新產品的相關資訊，而賈伯斯則選擇講述一個故事。

堅守「三法則」

如同每次的簡報，這次賈伯斯也選擇將觀眾的注意力集中在三個重要的訊息上，避免觀眾被過多資訊淹沒。例如，賈伯斯將這次簡報分為三個部分，他告訴觀眾他要分享「三項更新」：iPad、App Store 和 iPhone（推出 iPhone 4 就是其中一項更新）。在談到 App Store 時，賈伯斯選擇示範即將上架的三個全新應用程式（Netflix、Farmville 和 Guitar Hero）。

大多數演講者都準備太多資訊，很難在短時間內輕鬆傳達。不要試著將所有內容都塞進去，簡化你的溝通方式，三個要點遠比十三、十八或二十二個更容易消化。如果你想要呈現一場「賈伯斯風格」的簡報，就要避免資訊過多造成負擔。

包裝統計數字

在許多場合中，賈伯斯會透過具體情境來幫助觀眾理解龐大的數字，以下是 iPhone 4 發表會中的一些實例：[6]

- 我們在前 59 天內已售出超過 200 萬台 iPad，平均每 3 秒就賣出一台。
- iPad 上有 8,500 種原生應用程式，這些應用程式被下載了 3,500 萬次。如果將這數字除以那 200 萬台 iPad，每台 iPad 平均下載了 17 個應用程式，這對我們來說是很棒的數字。
- 用戶在 iPad 書店下載的書籍量已經突破 500 萬本，那是短短 65 天內的數字，等於每台 iPad 平均下載了 2.5 本書。
- iPhone 4 的厚度僅 0.9 公分，比 iPhone 3Gs 還要薄 24%，就在你以為

已經無法再更輕薄時，又比過去更薄了四分之一，這是全球最纖薄的智慧型手機。

遵守十分鐘法則

十分鐘法則簡單來說就是，觀眾的注意力大約在十分鐘後會開始減弱。賈伯斯深刻地理解這一點，因此他很少會連續講超過十分鐘而沒有做些變化來吸引觀眾（這些變化像是播放影片、換其他講者上台或示範操作等等）。在 iPhone 4 發表會開始大約四分鐘後，正式介紹新手機之前，賈伯斯先播放一段影片，展示 iPad 前幾個月銷售成績引起的國際媒體關注。影片結束後正好十分鐘，賈伯斯又介紹另一位講者，也就是 Netflix 執行長里德・哈斯廷斯（Reed Hastings），他上台簡短分享了 Netflix 全新的手機應用程式。

試著避免連續講解超過十分鐘。講到十分鐘時，最好做一些變化來吸引注意力，如播放影片、講故事、介紹其他講者、現場示範等。

透過練習讓一切看起來輕而易舉

現在讓我們來談談這起「事件」。蘋果的簡報經過精心策畫排練，因此一旦出現問題便會引發媒體關注，幾家媒體立刻打來詢問我的回應，有些記者稱之為「崩盤失控」，但事實並非如此。真正的崩盤或許是大多數講者可能會發生的情況，至於賈伯斯，他可能並不高興，但很快就恢復過來，重新掌控局面。

賈伯斯在示範操作 iPhone 4 的新功能時遇到 Wi-Fi 連線問題，他在嘗試連線《紐約時報》網站時，頁面無法載入，他微笑說道：「這裡的網路總是不太穩定，如果你們在用 Wi-Fi，能幫忙一下嗎？麻煩暫時關掉，我會很感激的。」[7] 然而，問題還是無法解決，他的笑容迅速消失，並承認：「我

們遇到一點問題，不知道網路怎麼了，恐怕今天很多內容都無法展示了。」

大多數演講者遇到這種情況時會驚慌失措，但賈伯斯不會，他很了解自己接下來的簡報內容，也輕鬆地展示了原本打算在後面展示的內容，例如手機的全新攝影功能。

幾分鐘後，賈伯斯重新掌控了局面，不是指簡報，而是觀眾的情緒，他說：「我們已經搞清楚操作失敗的原因了。」

這個會場有 570 個 Wi-Fi 基地台，還有數百個行動 Wi-Fi 分享器，導致網絡沒辦法正常運作，我們無法處理這種情況。現在有兩種選擇：我還有很多很精彩的示範，真的希望能操作給大家看看。要麼你們關掉所有的 Wi-Fi 設備，要麼我們放棄，今天直接跳過這些示範了。你們想看嗎？【觀眾鼓掌】好，這樣吧，讓我們打開會場的燈光，所有部落客把你們的基地台、Wi-Fi 關掉，筆電放在地上，關掉筆電和行動 Wi-Fi 機，大家互相監督。我知道部落客有寫作的權利，但如果我們不這麼做，就無法進行這些示範操作了……請開始吧，我有很多時間。

這次的事件並未影響銷售量。由於訂單數量超過庫存，AT&T 在第二天甚至暫停銷售。iPhone 4 的銷售量迅速超過第一代 iPhone 早期的收入，消費者大排長龍，等候數小時，只為了能夠買到這款新手機。儘管發生技術問題，賈伯斯依然提供足夠的內容，成功吸引了消費者。

賈伯斯從不掉以輕心，他投入了好幾個星期、無數小時練習。有時候，即使計畫再周全，也可能會有突發狀況，就算是賈伯斯也不例外。然而，你對簡報的內容掌握得越深入，就越能從容地應對突如其來的挑戰。

> **iPad2 產品上市**
> 我可不想錯過今天這個重大的日子。──賈伯斯

iPad 2：2011 年 3 月 2 日

2011 年 3 月 2 日，賈伯斯突然現身舊金山 Yerba Buena 活動中心，震驚全場的觀眾。他自 1 月起便因健康因素請病假（這是自 2004 年以來他第三度因健康因素休假），當時蘋果營運總監提姆·庫克（Tim Cook）正代理賈伯斯的職務，大多數觀察家都以為將由庫克主持這次的發表會。賈伯斯走上舞台時，全場觀眾起立鼓掌，他充滿熱情地說道：「我們已經為這款產品努力了一段時間，我可不想錯過今天這個重大的日子。」[8]

我覺得很了不起的是，這位身體狀況不佳而無法親自管理公司日常營運的領導者，居然有足夠精力完成一場長達九十分鐘的簡報，這充分反映出他對產品和品牌的熱情。熱情帶來源源不絕的能量，賈伯斯總是將這份熱情表露無遺，iPad 2 的簡報也不例外，整場發表會完全展現了賈伯斯一貫的風格。

回答最關鍵的問題

請記住，顧客心中只有一個問題，就是「跟我有什麼關係？」賈伯斯運用「三法則」，也創造了「推特式的標題」來解釋 iPad 2 的優勢。他表示：「首先，速度大幅提升；其次，變得極為纖薄；而且，也變得更輕了。」[9] 簡單來說，iPad 2 相較於第一代產品「更薄、更輕、更快」。

如果你只知道新產品的三個特色（更薄、更輕、更快），那已經傳達

很多訊息了，這是一個巧妙又容易記住的標題。《舊金山紀事報》（*San Francisco Chronicle*）一名記者在評論中寫道：「蘋果公司執行長賈伯斯在病假期間抽空現身，推出該公司暢銷產品 iPad 的續作，一款更薄、更輕、更快的產品。」《好管家》（*Good Housekeeping*）雜誌也用了這個標題：「iPad 2：更薄、更輕、更快。」《華爾街日報》則表示，這款新設備比之前的版本更薄、更輕，而且配備更快的處理器。賈伯斯精心建構了這個敘事，媒體也隨之報導。

蘋果每項產品的推特標題都保持高度一致。賈伯斯推出 iPad 2 的那一天，數百萬蘋果客戶收到一封主旨為「iPad：更薄、更輕、更快」的電子郵件。蘋果網站也展示 iPad 2 的照片，標上了「更薄、更輕、更快」的字樣。一旦你為你的產品、服務或事業制定了故事主軸或敘事，務必確保所有行銷管道都能一致地傳達這個訊息。

介紹反派角色與英雄出場

賈伯斯藉此機會闡述蘋果對未來電腦世界的願景，亦即後 PC 時代，他說：「很多公司進入急於平板電腦市場，把這個產品類別視為下一代 PC，他們還是像過去談論電腦一樣，強調規格和性能，但我們打從內心深處知道，這不是正確的方向。這些是屬於後 PC 時代的設備，需要比 PC 更容易使用、更直觀。軟體、硬體和應用程式之間的整合，都必須比傳統電腦更加無縫順暢。」[10]

蘋果的英雄當然是 iPad2。賈伯斯說：「蘋果的 DNA 中，光有技術是不夠的，正是技術與人文藝術的完美結合，才能打動人心。」在這兩段話中，賈伯斯先介紹了反派，是競爭對手紛紛推出的平板電腦，而英雄就是蘋果公司，致力於打造簡單、好用，又充滿樂趣的產品。

設計吸睛的投影片

蘋果的簡報總是精彩地呈現視覺敘事，而 iPad2 發表會更是將視覺呈現提升到更高境界。一般的簡報投影片包含 40 個字，而賈伯斯前**五分鐘**的投影片加起來不到 40 個字，你會發現賈伯斯沒有讓投影片塞滿無關緊要的內容，每張投影片都只有一個主題（見表 2）。賈伯斯在這七張投影片中用的文字，比大多數演講者顯示在單張投影片上的字數還要少得多。

一般簡報投影片頁面包含 40 個字，而在賈伯斯的簡報中，前 10 頁的字數連 40 個字都不到，因此我提出「10／40 法則」：前 10 頁的投影片總共不應該超過 40 個字。這一點很難做到，但如果你遵循了這個原則，簡報效果會更好。

表 2：2011 年 3 月 2 日 iPad2 發表會，口說內容搭配的視覺展現[11]

賈伯斯的口說內容	投影片同步顯示的內容
「我們有一些最新消息要和大家分享，第一個是關於 iBooks。」	iBooks（附帶 iBook Store 圖像）
「iBooks Store 推出還不到一年，用戶的圖書下載量就已經達到了一億本書。」	文字：下載一億本書
「另一個重要的成就來自 App Store，開發者透過銷售自家應用程式，總收益已超過二十億美元。」	一張寫著「2,000,000,000」的支票圖像
「今天，我們要介紹蘋果第三款後 PC 時代的突破性產品。」	文字：蘋果第三款後 PC 時代的突破性產品
「我們從 2001 年首先推出 iPod。」	iPod 的照片
「2007 年我們又推出 iPhone。」	iPhone 的照片
「2010 年我們推出了 iPad。」	iPad 的照片

包裝統計數字

賈伯斯介紹 iPad2 時，他表示去年是「iPad 之年」，因為在產品一上市的前九個月內，iPad 銷售量就突破 1,500 萬台。1,500 萬聽起來很驚人，但究竟有多大呢？賈伯斯透過比較讓數據更具說服力，他補充道：「這比所有平板電腦的總銷量還多。」[12]

賈伯斯還提到，自 iPad 推出以來，已為蘋果創造了 95 億美元的營收，他說：「我們從來沒有任何一款產品能這麼快地打開市場，我們的競爭對手都被搞得不知所措了。」

再次強調，別讓龐大的數字孤立存在，應該放在情境脈絡中解讀。

遵守十分鐘法則

iPad2 的簡報再次證明，賈伯斯每十分鐘必定會變換一次簡報的節奏，確保觀眾的注意力。他在開始簡報後九分鐘，播放一段由蘋果製作的影片，名為「iPad 之年」，影片中穿插了蘋果員工談論 iPad 的片段，以及世界各地顧客使用 iPad 的畫面。

樂在其中

有時賈伯斯喜歡拿競爭對手開玩笑，用輕鬆風趣的方式來展現蘋果產品的卓越。

播放完 iPad 在 2010 年受歡迎的影片之後，賈伯斯說道：「那麼 2011 年呢？現在**每個人**都有平板電腦，2011 年會是模仿的年代嗎？但這些平板甚至還追不上第一代的 iPad。然而，我們不會滿足現狀，因為在不到一年的時間內，我們將推出 iPad2，也就是第二代 iPad，我們認為 2011 年會是 iPad2 之年。」

> **iCloud 產品上市**
> 大家到目前為止一切都滿意吧?好吧,我會盡量別搞砸。——賈伯斯

iCloud:2011 年 6 月 6 日

賈伯斯 2011 年 6 月 6 日從病假中回歸,簡短介紹了蘋果的新雲端儲存服務 iCloud。他以一貫的風格宣布三項消息。首先,他預覽了 OS X Lion,這是為 Mac 設計的全新操作系統。其次,他揭示了 iOS 5,適用於 iPhone 和 iPad 的行動操作系統。最後,賈伯斯描述蘋果的新服務,這項服務符合他對「後 PC 時代」的願景:一個人人都能從多種裝置之間建立、分享和存取內容的世界。

iCloud 的概念簡單又強大,以下是賈伯斯介紹 iCloud 的方式。

設定反派角色

就像我們討論過的,賈伯斯幾乎在每一次的產品發表會中,都會先描述問題,再提供解決方案。在介紹 iCloud 之前,賈伯斯花了幾分鐘討論這項新服務將解決的問題,而這問題是許多人都感同身受的。

大約十年前,蘋果有一個非常重要的觀察,那就是個人電腦將成為數位生活的中心,那是你儲存數位照片、影片和音樂的地方。這種方式在過去十年運作得相當順利,但近幾年來已經開始出現問題。為什麼?因為設備裝置發生了變化,現在所有的設備都有照片、音樂和影片。比方說,如果我在 iPhone 上買了一首歌,我會希望在其他設備上也能

聽到這首歌，可是當我拿起我的 iPad 卻沒有那首歌，因此，我得將我的 iPhone 同步連接到 Mac，才能將這些歌曲傳輸過來，保持這些設備同步簡直讓人快抓狂。我們已經找到一個很棒的解決方案，我們把個人電腦和 Mac 降級成一個設備（不再是數位中樞），將數位生活的中心轉移到雲端。[13]

創造推特式的標題

賈伯斯在描述問題後，簡潔地用一句話說明了 iCloud 服務的好處，讓觀眾容易理解，發布在推特上也很簡單：「iCloud 儲存你的內容，並將之無線傳送到所有設備中。」

同樣地，蘋果在所有的行銷、廣告和傳播管道中保持一致訊息。在發表會中，賈伯斯展示了一張只包含一句標題的投影片，簡報一結束後，蘋果官網立刻顯示了 iCloud 的新圖標及標語：「iCloud 儲存你的內容，並將之無線傳送到所有設備中。」

聽起來很熟悉吧？蘋果的官方新聞稿和店內文宣資料也都呈現相同的標語。確保你團隊中每個人都按照相同的溝通策略，讓標語在所有的傳播管道中都保持一致。

呈現視覺訊息

iCloud 發表會是賈伯斯職業生涯中最具視覺效果的簡報。我可以肯定地這麼說，因為正如我提出的「10／40 法則」，賈伯斯又更上一層樓，前十張投影片都沒有任何文字！

iCloud 發表會的前 10 張投影片只包括設備圖片和一些精細的動畫，完全沒有文字、句子、項目符號、圖表。賈伯斯直到第 11 張投影片介紹可在

推特上分享的標題時,才出現第一句文字。賈伯斯是敘事大師,他的投影片是**輔助的工具**,而非故事本身。

本附錄中的四個案例研究證明,賈伯斯這位被譽為全球最強的企業說書人,每次簡報時都運用相同的技巧。雖然產品可能有所不同,但說故事的技巧卻始終如一。

你也有屬於自己的故事要講,可能是關於產品、公司、品牌、服務、計畫或個人理念的故事。你的簡報是枯燥、混亂又無趣的,還是充滿趣味、具啟發性、又激勵人心呢?利用這套模板,釋放你內在的賈伯斯精神,你的觀眾一定會因此而喜愛你。

致謝

這本書是大家共同努力的成果，感謝家人、同事、和麥格羅希爾（McGraw-Hill）卓越團隊的協助，讓本書得以成形。我要特別感謝我的編輯 John Aherne 的熱情和建議，也感謝 Kenya Henderson 讓這一切能實現！麥格羅希爾的設計、行銷和公關團隊是圖書出版業中最頂尖的，我很榮幸能與他們一同分享對這個主題的熱忱。

我的妻子 Vanessa 負責管理我們蓋洛溝通集團（Gallo Communications Group）的業務。她不辭辛勞地準備手稿，在管理事業和照料兩個孩子的同時，她是怎麼找到時間兼顧一切，真的超乎「凡人」所能理解的。

誠摯感謝我在 BusinessWeek.com 的編輯 Nick Leiber，他總是有辦法讓我的專欄更出色。此外，也要感謝我在新英格蘭出版公司（New England Publishing Associates）的經紀人 Ed Knappman，總是給我鼓勵與支持，他的專業知識和洞察力真是無人能及。

我衷心感謝父母 Franco 和 Giuseppina 對我始終如一的支持。感謝 Tino、Donna、Francesco、Nick、Patty、Ken，以及許多體諒我為何無法時常陪伴或週末必須缺席高爾夫球局的親朋好友們，重回球場囉！我的兩個寶貝女兒 Josephine 和 Lela 是靈感的泉源，你們對爸爸時常不在家所展現的耐心，換來的回報就是到查克起司（Chuck E. Cheese）瘋狂玩樂的機會！

參考資料

序幕 >> 如何在觀眾面前展現超凡魅力

1. Jon Fortt, "Steve Jobs, Tech's Last Celebrity CEO," *Fortune,* December 19, 2008, http://money.cnn.com/2008/12/19/technology/fortt_tech_ceos.fortune/?postversion=2008121915 (accessed January 30, 2009).
2. Wikipedia, "Charisma," includes Max Weber quote, http://en.wikipedia.org/wiki/charisma (accessed January 30, 2009).
3. Nancy Duarte, *Slide:ology* (Sebastopol, CA: O'Reilly Media, 2008), xviii.
4. Michael Hiltzik, "Apple's Condition Linked to Steve Jobs's Health," *Los Angeles Times,* January 5, 2009, latimes.com/business/la-fi-hiltzik5-2009jan05,0,7305482.story (accessed January 30, 2009).
5. Stephen Wilbers, "Good Writing for Good Results: A Brief Guide for Busy Administrators," *The College Board Review,* no. 154 (1989–90), via Wilbers, wilbers.com/cbr%20article.htm.
6. "The Big Idea with Donny Deutsch," first aired on July 28, 2008, property of CNBC.
7. Wikipedia, "Steve Jobs," includes Jobs's quote, http://en.wikiquote.org/wiki/steve_jobs (accessed January 30, 2009).
8. Alan Deutschman, *The Second Coming of Steve Jobs* (New York: Broadway Books, 2001), 127.

第 1 景 >> 用非數位工具計畫

1. Garr Reynolds, *Presentation Zen* (Berkeley: New Riders, 2008), 45.
2. Nancy Duarte, *Slide:ology* (Sebastopol, CA: O'Reilly Media, 2008).
3. Cliff Atkinson, *Beyond Bullet Points* (Redmond, WA: Microsoft Press, 2005), 14.
4. Ibid., 15.
5. Apple, "Macworld San Francisco 2007 Keynote Address," Apple, apple.com/quicktime/qtv/mwsf07 (accessed January 30, 2009).
6. YouTube, "Steve Jobs, 'Computers Are Like a Bicycle for Our Minds,' "YouTube, youtube.com/watch?v=ob_GX50Za6c (accessed January 30, 2009).
7. John Paczkowski, "Apple CEO Steve Jobs," D5 Highlights from D: All Things Digital, May 30, 2007, http://d5.allthingsd.com/20070530/steve-jobs-ceo-of-apple (accessed January 30, 2009).
8. Apple, "WWDC 2008 Keynote Address," Apple, apple.com/quicktime/qtv/wwdc08 (accessed January 30, 2009).
9. Leander Kahney, *Inside Steve's Brain* (New York: Penguin Group, 2008), 29.

第 2 景 >> 回答最關鍵的問題

1. YouTube, "The First iMac Introduction," YouTube, youtube.com/watch?v=0BHPtoTctDy (accessed January 30, 2009).
2. YouTube, "Apple WWDC 2005—The Intel Switch Revealed," YouTube, youtube.com/watch?v=ghdTqnYnFyg (accessed January 30, 2009).
3. Wikipedia, "Virtual Private Server," http://en.wikipedia.org/wiki/server_virtualization (accessed January 30, 2009).
4. Ashlee Vance, "Cisco Plans Big Push into Server Market," *New York Times,* January 19, 2009, nytimes.com/2009/01/20/technology/companies/20cisco.html?scp=1&sq=cisco%20+virtualization&st=search (accessed January 30, 2009).
5. YouTube, "Macworld 2003—The Keynote Introduction (Part 1)," YouTube, youtube.com/watch?v=ZZqYn77dT3s&feature=related (accessed January 30, 2009).
6. Apple, "Apple Introduces the New iPod Nano: World's Most Popular Digital Music Player Features New Aluminum Design in Five Colors and Twenty-Four-Hour Battery Life," Apple press release, September 12, 2006, apple.com/pr/library/2006/sep/12nano.html (accessed January 30, 2009).
7. Apple, "Apple Announces Time Capsule: Wireless Backup for All Your Macs," Apple press release, January 15, 2008,

apple.com/pr/library/2008/01/15timecapsule.html (accessed January 30, 2009).
8. YouTube, "3G iPhone WWDC Keynote 6/9/08," YouTube, June 9, 2008, youtube.com/watch?v=mA9Jrk16Ki4 (accessed January 30, 2009).
9. YouTube, "Steve Jobs Announces iTunes 8 with Genius," YouTube, September 9, 2008, youtube.com/watch?v=6XsgEH5HMvI (accessed January, 2009).
10. YouTube, "Steve Jobs CNBC Interview: Macworld 2007," YouTube, CNBC reporter Jim Goldman, youtube.com/watch?v=0my4eis82jw&feature=playlist&p=0520CA6271486D5B&playnext=1&index=13 (accessed January 30, 2009).
11. Guy Kawasaki, *The Macintosh Way* (New York: HarperCollins, 1990), 100.

第 3 景 >>> 培養救世般的使命感

1. John Sculley, *Odyssey* (New York: Harper & Row, 1987), 90.
2. Alan Deutschman, *Inside Steve's Brain* (New York: Penguin Group, 2008), 168.
3. Stanford University, " 'You've Got to Find What You Love,' Jobs Says," *Stanford Report,* June 14, 2005, Steve Jobs commencement address, delivered on June 12, 2005, http://news-service.stanford.edu/news/2005/june15/jobs-061505.html (accessed January 30, 2009).
4. YouTube, "Macworld Boston 1997—Full Version," YouTube, youtube.com/watch?v=PEHNrqPkefI (accessed January 30, 2009).
5. Carmine Gallo, "From Homeless to Multimillionaire," *BusinessWeek,* July 23, 2007, businessweek.com/smallbiz/content/jul2007/sb20070723_608918.htm (accessed January 30, 2009).
6. Jim Collins and Jerry Porras, *Built to Last: Successful Habits of Visionary Companies* (New York: HarperBusiness, 1994), 48.
7. *Triumph of the Nerds,* PBS documentary written and hosted by Robert X. Cringely (1996: New York).
8. Wikipedia, "Steve Jobs," includes Jobs's quote, http://en.wikiquote.org/wiki/steve_jobs (accessed January 30, 2009).
9. Malcolm Gladwell, *Outliers* (New York: Little, Brown and Company, 2008), 64.
10. John Markoff, "The Passion of Steve Jobs," *New York Times,* January 15, 2008, http://bits.blogs.nytimes.com/2008/01/15/the-passion-of-steve-jobs (accessed January 30, 2009).
11. John Paczkowski, "Bill Gates and Steve Jobs," D5 Highlights from D: All Things Digital, May 30, 2007, http://d5.allthingsd.com/20070530/d5-gates-jobs-interview (accessed January 30, 2009).
12. "Oprah," first aired on October 23, 2008, property of Harpo Productions.
13. Marcus Buckingham, *The One Thing You Need to Know* (New York: Free Press, 2005), 59.
14. Ibid., 61–62.
15. John Sculley, *Odyssey* (New York: Harper & Row, 1987), 65.
16. Smithsonian Institution, "Oral History Interview with Steve Jobs," Smithsonian Institution Oral and Video Histories—Steve Jobs, April 20, 1995, http://americanhistory.si.edu/collections/comphist/sj1.html (accessed January 30, 2009).
17. *BusinessWeek,* "Steve Jobs: He Thinks Different," *BusinessWeek,* November 1, 2004, businessweek.com/magazine/content/04_44/b3906025_mz072.htm (accessed January 30, 2009).
18. Jeff Goodell, "Steve Jobs: The *Rolling Stone* Interview," Rolling Stone, December 3, 2003, rollingstone.com/news/story/5939600/steve_jobs_the_rolling_stone_interview/ (accessed January 30, 2009).
19. Jim Collins and Jerry Porras, *Built to Last: Successful Habits of Visionary Companies* (New York: HarperBusiness, 1994), 234.
20. Gary Wolf, "Steve Jobs: The Next Insanely Great Thing," *Wired,* 1996, via Wikipedia, wired.com/wired/archive//4.02/jobs_pr.html (accessed January 30, 2009).
21. *Triumph of the Nerds,* PBS documentary written and hosted by Robert X. Cringely (1996, New York).
22. Wikipedia, "Think Different," http://en.wikipedia.org/wiki/think_different (accessed January 30, 2009).
23. Alan Deutschman, *The Second Coming of Steve Jobs* (New York: Broadway Books, 2001), 242.
24. Apple, "Macworld San Francisco 2007 Keynote Address," Apple, apple.com/quicktime/qtv/mwsf07 (accessed January 30, 2009).

第 4 景 ▶▶ 創造推特式的標題

1. Apple, "Macworld 2008 Keynote Address," Apple, apple.com/quicktime/qtv/mwsf08 (accessed January 30, 2009).
2. Ibid.
3. Ibid.
4. CNBC, "Steve Jobs Shows off Sleek Laptop," CNBC interview after 2008 Macworld keynote, http://video.nytimes.com/video/2008/01/15/technology/1194817476407/steve-jobs-shows-off-sleek-laptop.html (accessed January 30, 2009).
5. Ibid.
6. Apple, "Apple Introduces MacBook Air—The World's Thinnest Notebook," Apple press release, January 15, 2008, apple.com/pr/library/2008/01/15mbair.html (accessed January 30, 2009).
7. Ibid.
8. Apple, "Macworld San Francisco 2007 Keynote Address," Apple, apple.com/quicktime/qtv/mwsf07 (accessed January 30, 2009).
9. YouTube, "Steve Jobs Introduces GarageBand 1.0 (Assisted by John Mayer)," YouTube, youtube.com/watch?v=BVXWFgQvdlK (accessed January 30, 2009).
10. YouTube, "The First iMac Introduction," YouTube, youtube.com/watch?v=0BHPtoTctDY (accessed January 30, 2009).
11. YouTube, "Apple Music Event 2001—The First Ever iPod Introduction," YouTube, youtube.com/watch?v=KN0SVBCJqLs&feature=related (accessed January 30, 2009).
12. Matthew Fordahl, "Apple's New iPod Player Puts '1,000 Songs in Your Pocket,' " Associated Press at seattlepi.com, November 1, 2001, http://seattlepi.nwsource.com/business/44900_ipod01.shtml (accessed January 30, 2009).
13. YouTube, "Macworld 2003—The Keynote Introduction (Part 1)," YouTube, youtube.com/watch?v=ZZqYn77dT3s&feature=related (accessed January 30, 2009).
14. Apple, "Apple Unveils Keynote," Apple press release, January 7, 2003, apple.com/pr/library/2003/jan/07keynote.html (accessed January 9, 2009).

第 5 景 ▶▶ 規畫路線圖

1. Apple, "Macworld San Francisco 2007 Keynote Address," Apple, apple.com/quicktime/qtv/mwsf07 (accessed January 30, 2009).
2. YouTube, "The Lost 1984 Video (The Original 1984 Macintosh Introduction)," YouTube, youtube.com/watch?v=2B-XwPjn9YY (accessed January 30, 2009).
3. YouTube, "Apple WWDC 2005—The Intel Switch Revealed," YouTube, youtube.com/watch?v=ghdTqnYnFyg (accessed January 30, 2009).
4. Apple, "WWDC 2008 Keynote Address," Apple, apple.com/quicktime/qtv/wwdc08 (accessed January 30, 2009).
5. Michelle Kessler, "Better Computer Chips Raise Laptops' Abilities," *USA Today*, usatoday.com/printedition/money/20080715/1b_chips15.art.htm?loc=interstitialskip (accessed January 30, 2009).
6. Edward Baig, "Windows 7 Gives Hope for Less-Bloated Operating System," *USA Today*, sec. 6B, January 22, 2009.
7. CESweb.org, "Steve Ballmer and Robbie Bach Keynote: International Consumer Electronics Show 2009," remarks by Steve Ballmer and Robbie Bach at International CES 2009, January 7, 2009, cesweb.org/docs/microsoft-steveballmer-_robbiebach-transcript.pdf (accessed January 30, 2009).
8. Apple, "Macworld 2008 Keynote Address," Apple, apple.com/quicktime/qtv/mwsf08 (accessed January 30, 2009).
9. YouTube, "Apple Music Event 2001—The First Ever iPod Introduction," YouTube, youtube.com/watch?v=kN0SVBCJqLS&feature=related (accessed January 30, 2009).
10. Stanford University, " 'You've Got to Find What You Love,' Jobs Says," *Stanford Report*, June 14, 2005, Steve Jobs commencement address, delivered on June 12, 2005, http://news-service.stanford.edu/news/2005/june15/jobs-061505.html (accessed January 30, 2009).
11. John F. Kennedy Presidential Library and Museum, "Special Message to the Congress on Urgent National Needs Page 4," President John F. Kennedy speech, May 25, 1961, jfklibrary.org/historical+resources/archives/reference+desk/speeches/jfk/urgent+national+needs+page+4.htm (accessed January 30, 2009).
12. American Rhetoric, "Barack Obama 2004 Democratic National Convention Keynote Address: The Audacity of Hope," July 27, 2004, americanrhetoric.com/speeches/convention2004/barackobama2004dnc.htm (accessed January

30, 2009).
13. American Rhetoric, "Barack Obama Presidential Inaugural Address: What Is Required: The Price and Promise of Citizenship," January 20, 2009, americanrhetoric.com/speeches/barackobama/barackobamainauguraladdress.htm (accessed January 30, 2009).
14. American Rhetoric, "Jim Valvano Arthur Ashe Courage & Humanitarian Award Acceptance Address," March 4, 1993, americanrhetoric.com/speeches/jimvalvanoespyaward.htm (accessed January 30, 2009).

第 6 景 >>> 設定反派角色

1. Wikipedia, "1984 (Advertisement)," http://en.wikipedia.org/wiki/1984_ad (accessed January 30, 2009).（編按：小說《1984》是喬治・歐威爾的反烏托邦小說，書中的「老大哥」是極權政府的象徵人物，在其監視下，人民失去了自由和自我意識。）
2. YouTube, "1983 Apple Keynote—The '1984' Ad Introduction," YouTube, youtube.com/watch?v=lSiQA6KKyJo (accessed January 30, 2009).
3. YouTube, "Macworld 2007—Steve Jobs Introduces iPhone—Part 1," YouTube, youtube.com/watch?v=PZoPdBh8KUS&feature=related (accessed January 30, 2009).
4. YouTube, "Steve Jobs CNBC Interview: Macworld 2007," YouTube, youtube.com/watch?v=0mY4EIS82Jw (accessed January 30, 2009).
5. Martin Lindstrom, *Buyology* (New York: Doubleday, 2008), 107.
6. Ibid.
7. John Medina, *Brain Rules* (Seattle: Pear Press, 2008), 84.
8. YouTube, "Macworld SF 2003 Part 1," YouTube, youtube.com/watch?v=lSiQA6KKyJo (accessed January 30, 2009).
9. Demo.com, TravelMuse, Inc., pitch, DEMO 2008, demo.com/watchlisten/videolibrary.html?bcpid=1127798146&bclid=1774292996&bctid=1778578857 (accessed January 30, 2009).
10. *An Inconvenient Truth*, DVD, directed by Davis Guggengeim (Hollywood: Paramount Pictures, 2006).

第 7 景 >>> 勝利英雄登場

1. YouTube, "1983 Apple Keynote," YouTube, youtube.com/watch?v=lSiQA6KKyJo (accessed January 30, 2009).
2. YouTube, "Apple Music Event 2001—The First Ever iPod Introduction," YouTube, youtube.com/watch?v=kN0SVBCJqLs&feature=related (accessed January 30, 2009).
3. Mike Langberg, "Sweet & Low: Well-Designed iPod Upstarts Are Music for the Budget," *Seattle Times*, sec. C6, August 9, 2003.
4. Apple, "Out of the Box," 2006 television ad, Apple website, apple.com/getamac/ads (accessed January 30, 2009).
5. YouTube, "New iPhone Shazam Ad," YouTube, youtube.com/watch?v=P3NSsVKcrnY (accessed January 30, 2009).
6. Apple, "Why You'll Love a Mac," Get a Mac page, Apple website, apple.com/getamac/whymac (accessed January 30, 2009).
7. YouTube, "Macworld San Francisco 2006—The MacBook Pro Introduction," YouTube, youtube.com/watch?v=I6JWqllbhXE (accessed January 30, 2009).
8. Smithsonian Institution, "Oral History Interview with Steve Jobs," Smithsonian Institution Oral and Video Histories—Steve Jobs, April 20, 1995, http://americanhistory.si.edu/collections/comphist/sj1.html (accessed January 30, 2009).

中場休息 1 >>> 遵守十分鐘法則

1. John Medina, *Brain Rules* (Seattle: Pear Press, 2008), 74.
2. Apple, "Macworld San Francisco 2007 Keynote Address," Apple, apple.com/quicktime/qtv/mwsf07 (accessed January 30, 2009).

第 8 景 >>> 發揮簡約禪意

1. Rob Walker, "The Guts of a New Machine," *New York Times*, November 30, 2003, nytimes.com/2003/11/30/magazine/30ipod.html?pagewanted=1&ei=5007&en=750c9021e58923d5&ex=1386133200 (accessed January 30, 2009).

2. Ibid.
3. Nancy Duarte, *Slide:ology* (Sebastopol, CA: O'Reilly Media, 2008), 93.
4. Gregory Berns, *Iconoclast* (Boston: Harvard Business Press, 2008), 36.
5. Garr Reynolds, *Presentation Zen* (Berkeley: New Riders, 2008), 68.
6. Ibid., 12.
7. Seth Godin's Blog, "Nine Steps to PowerPoint Magic," October 6, 2008, http://sethgodin.typepad.com/seths_blog/2008/10/nine-steps-to-p.html (accessed January 30, 2008).
8. Carrie Kirby and Matthew Yi, "Apple Turns Thirty: The Man Behind the Mac," SF Gate, March 26, 2006, sfgate.com/cgi-bin/article.cgi?file=/c/a/2006/03/26/mng7ehueq51.dtl (accessed January 30, 2009).
9. Garr Reynolds, *Presentation Zen* (Berkeley: New Riders, 2008), 113.
10. Leander Kahney, *Inside Steve's Brain* (New York: Penguin Group, 2008), 61.
11. Ibid., 60.
12. Ibid., 131.
13. Apple, "Macworld 2008 Keynote Address," Apple, apple.com/quicktime/qtv/mwsf08 (accessed January 30, 2009).
14. Apple, "Apple Special Event September 2008," Apple Pre–Holiday Season Presentation, apple.com/quicktime/qtv/letsfrock (accessed January 30, 2009).
15. Richard Mayer and Roxana Moreno, "A Cognitive Theory of Multimedia Learning: Implications for Design Principles," University of California, Santa Barbara, unm.edu/~moreno/pdfs/chi.pdf (accessed January 30, 2009).
16. *BusinessWeek*, "The Best Managers of 2008," BusinessWeek.com slide show, http://images.businessweek.com/ss/09/01/0108_best_worst/14.htm (accessed January 30, 2009).
17. Richard Mayer and Roxana Moreno, "A Cognitive Theory of Multimedia Learning: Implications for Design Principles," University of California, Santa Barbara, unm.edu/~moreno/pdfs/chi.pdf (accessed January 30, 2009).
18. Ibid.
19. Ibid.
20. Apple, "Apple Special Event September 2008," Apple Pre–Holiday Season Presentation, apple.com/quicktime/qtv/letsfrock (accessed January 30, 2009).
21. Garr Reynolds, *Presentation Zen* (Berkeley: New Riders, 2008), 105.
22. Nancy Duarte, *Slide:ology* (Sebastopol, CA: O'Reilly Media, 2008), 106.
23. Wikipedia, "Picture Superiority Effect," http://en.wikipedia.org/wiki/picture_superiority_effect (accessed January 30, 2009).
24. John Medina, *Brain Rules* (Seattle: Pear Press, 2008), 234.
25. Ibid.
26. YouTube, "WWDC 2008 Steve Jobs Keynote—iPhone 3G," YouTube, youtube.com/watch?v=40YW7Lco0og (accessed January 30, 2009).
27. Apple, "WWDC 2008 Keynote Address," Apple, apple.com/quicktime/qtv/wwdc08 (accessed January 30, 2009).
28. Plain English Campaign, "Before and After," section of site with beforeand-after examples, http://s190934979.websitehome.co.uk/examples/before_and_after.html (accessed January 30, 2009).
29. Paul Arden, *It's Not How Good You Are, It's How Good You Want to Be* (London: Phaidon Press, 2003), 68.

第9景 >> 包裝統計數字

1. YouTube, "Apple Music Event 2001—The First Ever iPod Introduction," YouTube, youtube.com/watch?v=kN0SVBCJqLs&feature=related (accessed January 30, 2009).
2. Jeff Goodell, "Steve Jobs: The *Rolling Stone* Interview," *Rolling Stone*, December 3, 2003, rollingstone.com/news/story/5939600/steve_jobs_the_rolling_stone_interview (accessed January 30, 2009).
3. Apple, "WWDC 2008 Keynote Address," Apple, apple.com/quicktime/qtv/wwdc08 (accessed January 30, 2009).
4. Apple, "Macworld 2008 Keynote Address," Apple, apple.com/quicktime/qtv/mwsf08 (accessed January 30, 2009).
5. John Markoff, "Burned Once, Intel Prepares New Chip Fortified by Constant Tests," *New York Times*, November 16, 2008, nytimes.com/2008/11/17/technology/companies/17chip.html?_r=1&scp=1&sq=barton%20+%20intel%20&st=cse (accessed January 30, 2009).

6. IBM, "Fact Sheet and Background: Roadrunner Smashes the Petaflop Barrier," IBM press release, June 9, 2008, -03. ibm.com/press/us/en/pressrelease/24405.wss (accessed January 30, 2009).
7. Scott Duke Harris, "What Could You Buy for $700 Billion?" *San Jose Mercury News*, sec. E, October 5, 2008.
8. ClimateCrisis.org, "What Is Global Warming?" ClimateCrisis website, http://climatecrisis.org (accessed January 30, 2009).
9. Cornelia Dean, "Emissions Cut Won't Bring Quick Relief," *New York Times*, sec. A21, January 27, 2009.

第 10 景 >> 使用生動詞彙

1. Apple, "WWDC 2008 Keynote Address," Apple, apple.com/quicktime/qtv/wwdc08 (accessed January 30, 2009).
2. Brent Schlender and Christine Chen, "Steve Jobs's Apple Gets Way Cooler," *Fortune*, January 24, 2000, http://money.cnn.com/magazines/fortune/fortune_archive/2000/01/24/272281/index.htm (accessed January 30, 2009).
3. UsingEnglish.com, "Text Content Analysis Tool," usingenglish.com/resources/text-statistics.php (accessed January 30, 2009).
4. Todd Bishop, "Bill Gates and Steve Jobs: Keynote Text Analysis," The Microsoft Blog, January 14, 2007, http://blog.seattlepi.nwsource.com/microsoft/archives/110473.asp (accessed January 30, 2009).
5. Apple, "Macworld San Francisco 2007 Keynote Address," Apple, apple.com/quicktime/qtv/mwsf07 (accessed January 30, 2009).
6. Microsoft, "Bill Gates, Robbie Bach: 2007 International Consumer Electronics Show (CES)," Microsoft Corporation, CES, Las Vegas, January 7, 2007, microsoft.com/presspass/exec/billg/speeches/2007/01-07ces.mspx (accessed January 30, 2009).
7. Apple, "What Is Apple's Mission Statement?" Apple website: Investor Relations: FAQs: Apple Corporate Information, apple.com/investor (accessed January 30, 2009).
8. Carmine Gallo, *Ten Simple Secrets of the World's Greatest Business Communicators* (Naperville, IL: Sourcebooks, 2005), 116.
9. Ibid., 116–117.
10. Jack Welch, *Jack: Straight from the Gut* (New York: Warner Books, 2001), 70.
11. Apple, "Macworld 2008 Keynote Address," Apple, apple.com/quicktime/qtv/mwsf08 (accessed January 30, 2009).
12. YouTube, "Apple Music Event 2001—The First Ever iPod Introduction," YouTube, youtube.com/watch?v=kN0SVBCJqLs&feature=related (accessed January 30, 2009).
13. YouTube, "Macworld San Francisco 2003—PowerBook 17" + 12" Intro (Pt. 1)," YouTube, youtube.com/watch?v=3iGTDE9XqJU (accessed January 30, 2009).
14. Ibid.
15. YouTube, "Macworld SF 2003 Part 1," YouTube, youtube.com/watch?v=Xac6NWT7EKY (accessed January 30, 2009).
16. *Triumph of the Nerds*, PBS documentary written and hosted by Robert X. Cringely (1996, New York).
17. *BusinessWeek*, February 6, 2006, businessweek.com/magazine/content/06_06/b3970001.htm (accessed January 30, 2009).
18. Apple, "Apple Introduces New iPod Touch," Apple press release, September 9, 2008, apple.com/pr/library/2008/09/09touch.html (accessed January 30, 2009).
19. YouTube, "Macworld San Francisco 2003—PowerBook 17" + 12" Intro (Pt. 1)," YouTube, youtube.com/watch?v=3iGTDE9XqJU (accessed January 30, 2009).
20. Gregory Berns, *Iconoclast* (Boston: Harvard Business Press, 2008), 36.

第 11 景 >> 與人分享舞台

1. YouTube, "Macworld San Francisco 2006—The MacBook Pro Introduction," YouTube, youtube.com/watch?v=I6JWqllbhXE (accessed January 30, 2009).
2. YouTube, "Macworld Boston 1997—The Microsoft Deal," YouTube, youtube.com/watch?v=WxOp5mBY9IY (accessed January 30, 2009).
3. Apple, "Apple Special Event October 2008," Apple, apple.com/quicktime/qtv/specialevent1008 (accessed January 30, 2009).

4. Apple, "Macworld 2008 Keynote Address," Apple, apple.com/quicktime/qtv/mwsf08 (accessed January 30, 2009).
5. Ibid.
6. Apple, "Macworld San Francisco 2007 Keynote Address," Apple, apple.com/quicktime/qtv/mwsf07 (accessed January 30, 2009).
7. Apple, "Macworld 2008 Keynote Address," Apple, apple.com/quicktime/qtv/mwsf08 (accessed January 30, 2009).
8. YouTube, "Noah Wyle as Steve—EpicEmpire.com," YouTube, youtube.com/watch?v=_KRO5Hxv_No (accessed January 30, 2009).

第 12 景 >> 善用示範道具

1. Apple, "Apple Special Event October 2008," Apple, apple.com/quicktime/qtv/specialevent1008 (accessed January 30, 2009).
2. Guy Kawasaki, *The Macintosh Way* (New York: HarperCollins, 1990), 149.
3. Ibid.
4. Ibid.
5. Ibid.
6. Ibid.
7. Apple, "WWDC 2008 Keynote Address," Apple, apple.com/quicktime/qtv/wwdc08 (accessed January 30, 2009).
8. YouTube, "Macworld 2007—Part 4—Steve Jobs Demos the iPhone (Video)," YouTube, http://macblips.dailyradar.com/video/macworld_2007_part_4_steve_jobs_demos_the_iphone (accessed January 30, 2009).
9. Apple, "Macworld San Francisco 2007 Keynote Address," Apple, apple.com/quicktime/qtv/mwsf07 (accessed January 30, 2009).
10. YouTube, "Demo of PhotoBooth (From All About Steve)," YouTube, youtube.com/watch?v=h4Al6Mt4jQc (accessed January 30, 2009).
11. YouTube, "Safari on Windows (WWDC 2007)," YouTube, youtube.com/watch?v=46DHMaCbdxc (accessed January 30, 2009).
12. YouTube, "Steve Jobs Demos GarageBand," YouTube, youtube.com/watch?v=E03Bj2R749c (accessed January 30, 2009).
13. YouTube, "Steve Jobs Introduces GarageBand 1.0 (Assisted by John Mayer)," YouTube, youtube.com/watch?v=BVXWFgQvdLK (accessed January 30, 2009).
14. YouTube, "Apple WWDC—The Intel Switch Revealed," YouTube, youtube.com/watch?v=ghdTqnYnFYg (accessed January 30, 2009).

第 13 景 >> 揭開驚呼的瞬間

1. Apple, "Macworld 2008 Keynote Address," Apple, apple.com/quicktime/qtv/mwsf08 (accessed January 30, 2009).
2. Sasha Cavender, "Thinnest Laptop: Fits into Manila Envelope," ABC News, January 15, 2008, http://abcnews.go.com/print?id=4138633 (accessed January 30, 2009).
3. YouTube, "Steve Jobs Showcases Macintosh 24-Jan-1984," YouTube, youtube.com/watch?v=4KkENSYkMgs (accessed January 30, 2009).
4. YouTube, "Apple Music Event 2001—The First Ever iPod Introduction," YouTube, youtube.com/watch?v=kN0SVBCJqLs&feature=related (accessed January 30, 2009).
5. John Medina, *Brain Rules* (Seattle: Pear Press, 2008), 81.
6. YouTube, "Macworld San Francisco 2000, Steve Jobs Become iCEO of Apple," YouTube, January 5, 2000, youtube.com/watch?v=JgHtKFuY3be (accessed January 30, 2009).
7. Apple, "Macworld San Francisco 2007 Keynote Address," Apple, apple.com/quicktime/qtv/mwsf07 (accessed January 30, 2009).

中場休息 2 >> 席勒汲取大師經驗

1. Apple, "Macworld 2009 Keynote Address," Apple, apple.com/quicktime/qtv/macworld-san-francisco-2009 (accessed January 30, 2009).

2. Slideshare, "Phil Schiller's Mac World 2009 Keynote Address," Slideshare, slideshare.net/kangaro10a/phil-schillers-mac-world-2009-keynote-presentation (accessed January 30, 2009).

第 14 景 >> 掌控舞台魅力

1. YouTube, "Macworld SF 2003 Part 1," YouTube, youtube.com/watch?v=Xac6NWT7EKY (accessed January 30, 2009).
2. Dan Moren, "Stan Sigman Says Sayonara," Macworld.com, October 12, 2007, http://iphone.macworld.com/2007/10/stan_sigman_says_sayonara.php (accessed January 30, 2009).
3. Gil Amelio, *On the Firing Line: My Five Hundred Days at Apple* (New York: Collins Business, 1999), 199.
4. Apple, "Macworld San Francisco 2007 Keynote Address," Apple, apple.com/quicktime/qtv/mwsf07 (accessed January 30, 2009).
5. Apple, "Macworld 2008 Keynote Address," Apple, apple.com/quicktime/qtv/mwsf08 (accessed January 30, 2009).
6. YouTube, "Apple Music Event 2001—The First Ever iPod Introduction," YouTube, youtube.com/watch?v=kN0SVBCJqLs (accessed January 30, 2009).
7. Ibid.
8. Albert Mehrabian, *Silent Messages* (Stamford, CT: Wadsworth, 1980).

第 15 景 >> 讓一切看起來輕而易舉

1. *BusinessWeek*, "Steve Jobs's Magic Kingdom," *BusinessWeek* cover story, February 6, 2006, businessweek.com/magazine/content/06_06/b3970001.htm (accessed January 30, 2009).
2. Mike Evangelist, "Behind the Magic Curtain," *Guardian*, for Guardian .co.uk, January 5, 2006, guardian.co.uk/technology/2006/jan/05/newmedia.media1 (accessed January 30, 2009).
3. Ibid.
4. Ibid.
5. Michael Krantz, "Steve's Two Jobs," *Time*, October 18, 1999, time.com/time/magazine/article/0,9171,992258-1,00.html (accessed January 30, 2009).
6. Ibid.
7. Celia Sandys and Jonathan Littman, *We Shall Not Fail* (New York: Penguin Group, 2003), 55.
8. Alan Deutschman, *The Second Coming of Steve Jobs* (New York: Broadway Books, 2001), 82.
9. Malcolm Gladwell, *Outliers* (New York: Little, Brown and Company, 2008), 39.
10. Daniel Levitin, *This Is Your Brain on Music* (New York: Plume-Penguin, 2007), 97.
11. Malcolm Gladwell, *Outliers* (New York: Little, Brown and Company, 2008), 48.
12. *New York Times*, "Senate Confirmation Hearing: Hillary Clinton," January 13, 2009, *New York Times* transcript, nytimes.com/2009/01/13/us/politics/13text-clinton.html?pagewanted=all (accessed January 30, 2009).

第 16 景 >> 穿搭合宜服裝

1. Alan Deutschman, *The Second Coming of Steve Jobs* (New York: Broadway Books, 2001), 22.

第 17 景 >> 拋開腳本

1. Apple, "Macworld 2008 Keynote Address," Apple, apple.com/quicktime/qtv/mwsf08 (accessed January 30, 2009).
2. Vanguard, ad on website, vanguard.com (accessed January 30, 2009).
3. Spymac, "Steve's Notes Closeup—Four Thousand Lattes to Go," Spymac, January 11, 2007, spymac.com/details/?1793780 (accessed January 30, 2009).
4. Apple, "Macworld San Francisco 2007 Keynote Address," Apple, apple.com/quicktime/qtv/mwsf07 (accessed January 30, 2009).

第 18 景 >> 樂在其中

1. YouTube, "Apple WWDC 2002—The Death of Mac OS 9," YouTube, youtube.com/watch?v=Cl7xQ8i3fc0&feature

=playlist&p=72CF29777B67F776&playnext=1&index=9 (accessed January 30, 2009).
2. YouTube, "Steve Jobs, TV Jammer Story," YouTube, youtube.com/watch?v=xiSBSXrQ8D0 (accessed January 30, 2009).
3. Ibid.
4. YouTube, "Apple Bloopers," YouTube, youtube.com/watch?v=AnVUvW42CUA (accessed January 30, 2009).
5. Apple, "Macworld 2008 Keynote Address," Apple, apple.com/quicktime/qtv/mwsf08 (accessed January 30, 2009).
6. Ibid.
7. YouTube, "Apple Keynote Bloopers!!" YouTube, youtube.com/watch?v=KsKKQNZG3rE&feature=related (accessed January 30, 2009).
8. Apple, "WWDC 2008 Keynote Address," Apple, apple.com/quicktime/qtv/wwdc08 (accessed January 30, 2009).
9. YouTube, "Apple Announces iTunes for Windows," YouTube, October 16, 2003, youtube.com/watch?v=-YtR-DKDKiI (accessed January 30, 2009).
10. Nick Mediati, "Jobs Has Been an Extraordinary Spokesman," *PC World,* January 14, 2009, pcworld.com/article/157114/jobs_has_been_an_extraordinary_spokesman.html (accessed January 30, 2009).
11. Bob Dylan, "Mr. Tambourine Man," *Bringing It All Back Home,* Sony, 1965.

謝幕 >> 還有一件事

1. Stanford University, " 'You've Got to Find What You Love,' Jobs Says," *Stanford Report,* June 14, 2005, Steve Jobs commencement address, delivered on June 12, 2005, http://news-service.stanford.edu/news/2005/june15/jobs-061505.html (accessed January 30, 2009).

附錄 >> 賈伯斯風格的簡報

1. YouTube, "Apple iPad Event Part 2 of 10 (HD)," YouTube, http://www.youtube.com/watch?v=LK_VunL9rjY&feature=related (accessed June 6, 2011).
2. Ibid.
3. Ibid.
4. Ibid.
5. Apple, "Apple WWDC 2010 Keynote Address," Apple Events, June 7, 2010, http://www.apple.com/apple-events/wwdc-2010/ (accessed June 6, 2011).
6. Ibid.
7. Ibid.
8. YouTube, "Apple-Special Event-March 2, 2011," YouTube, http://www.youtube.com/watch?v=qQG0XfU-bFs (accessed June 6, 2011).
9. Ibid.
10. Ibid.
11. Ibid.
12. Ibid.
13. Apple, "Apple-Special Event," Apple Events, June 6, 2011, http://events.apple.com.edgesuite.net/11piubpwiqubf06/event/ (accessed June 6, 2011).

跟賈伯斯學簡報

作者	卡曼・蓋洛 Carmine Gallo
譯者	何玉方
商周集團執行長	郭奕伶
商業周刊出版部	
總編輯	林雲
責任編輯	黃郡怡
封面設計	Javick工作室
封面圖片提供	Getty Images
內文排版	洪玉玲
出版發行	城邦文化事業股份有限公司 商業周刊
地址	115台北市南港區昆陽街16號6樓
	電話：(02)2505-6789　傳真：(02)2503-6399
讀者服務專線	(02)2510-8888
商周集團網站服務信箱	mailbox@bwnet.com.tw
劃撥帳號	50003033
戶名	英屬蓋曼群島商家庭傳媒股份有限公司城邦分公司
網站	www.businessweekly.com.tw
香港發行所	城邦（香港）出版集團有限公司
	香港九龍九龍城土瓜灣道86號順聯工業大廈6樓A室
	電話：(852) 2508-6231　傳真：(852) 2578-9337
	E-mail：hkcite@biznetvigator.com
製版印刷	中原造像股份有限公司
總經銷	聯合發行股份有限公司 電話：(02) 2917-8022
初版1刷	2025年6月
定價	420元
ISBN	978-626-7678-17-6（平裝）
EISBN	9786267678169（EPUB）／9786267678152（PDF）

The Presentation Secrets of Steve Jobs © 2010 by McGraw-Hill Education
Original edition copyright 2010 by Carmine Gallo. All rights reserved
Traditional Chinese edition copyright 2025 by Business Weekly, a division of Cite Publishing Ltd. All rights reserved.

國家圖書館出版品預行編目 (CIP) 資料

跟賈伯斯學簡報 / 卡曼.蓋洛 (Carmine Gallo) 著；何玉方譯. -- 初版. -- 臺北市：城邦文化事業股份有限公司商業周刊, 2025.06
272 面；17×22 公分
譯　自：The presentation secrets of Steve Jobs : how to be insanely great in front of any audience
ISBN 978-626-7678-17-6(平裝)

1.CST: 賈伯斯 (Jobs, Steve, 1955-2011.) 2.CST: 簡報

494.6　　　　　　　　　　　　　　　　　　114002796

藍學堂

學習・奇趣・輕鬆讀